人命关天，发展决不能以牺牲人的生命为代价。这必须作为一条不可逾越的红线。要始终把人民生命安全放在首位，以对党和人民高度负责的精神，完善制度、强化责任、加强管理、严格监管，把安全生产责任制落到实处，切实防范重特大安全生产事故的发生。

——2013 年 6 月 6 日，习近平对吉林省长春市宝源丰禽业有限公司“6 • 3”特别重大火灾爆炸事故作出重要指示

各级党委和政府要牢固树立安全发展理念，坚持人民利益至上，始终把安全生产放在首要位置，切实维护人民群众生命财产安全。要坚决落实安全生产责任制，切实做到党政同责、一岗双责、失职追责。要健全预警应急机制，加大安全监管执法力度，深入排查和有效化解各类安全生产风险，提高安全生产保障水平，努力推动安全生产形势实现根本好转。各生产单位要强化安全生产第一意识，落实安全生产主体责任，加强安全生产基础能力建设，坚决遏制重特大安全生产事故发生。

——2015 年 8 月，习近平对天津港“8 • 12”瑞海公司危险品仓库特别重大火灾爆炸事故作出重要指示

要全力抢险救援，搜救被困人员，及时救治伤员，做好善后工作，切实维护社会稳定；要加强监测预警，防控发生环境污染，严防发生次生灾害；要尽快查明事故原因，及时发布权威信息，加强舆情引导。近期一些地方接连发生重大安全事故，各地和有关部门要深刻吸取教训，加强安全隐患排查，严格落实安全生产责任制，坚决防范重特大事故发生，确保人民群众生命和财产安全。安全生产工作在抓落实上仍有很大差距，一定要举一反三、亡羊补牢。

——2019 年 3 月 21 日，习近平对江苏响水天嘉宜化工有限公司“3 • 21”特别重大爆炸事故作出重要指示

生命重于泰山。各级党委和政府务必把安全生产摆到重要位置，树牢安全发展理念，绝不能只重发展不顾安全，更不能将其视作无关痛痒的事，搞形式主义、官僚主义。要针对安全生产事故主要特点和突出问题，层层压实责任，狠抓整改落实，强化风险防控，从根本上消除事故隐患，有效遏制重特大事故发生。

——2020 年 4 月，习近平就安全生产工作作出重要指示

湖北十堰市燃气爆炸事故造成重大人员伤亡，教训深刻！要全力抢救伤员，做好伤亡人员亲属安抚等善后工作，尽快查明原因，严肃追究责任。近期全国多地发生生产安全事故、校园安全事件，各地区和有关部门要举一反三、压实责任，增强政治敏锐性，全面排查各类安全隐患，防范重大突发事件发生，切实保障人民群众生命和财产安全，维护社会大局稳定，为建党百年营造良好氛围。

——2021 年 6 月 13 日，习近平对湖北省十堰市张湾区艳湖社区集贸市场燃气爆炸事故作出重要指示

国家能源集团铁路交通事故应急救援和调查处理指导手册

主编　惠舒清　孙　彬

北京交通大学出版社
·北京·

内 容 简 介

本书以深入学习贯彻习近平关于安全生产的重要论述精神为灵魂和统领，对 2021 年新修正的《安全生产法》以及《铁路安全管理条例》《铁路交通事故应急救援和调查处理条例》等重点条款进行深入解读与应用，具体分析铁路交通事故现场调查以及铁路交通事故应急救援的原则、程序、内容和要求，详细剖析铁路安全风险与管控及事故案例，并对通过中央企业突发事件媒体运用及调控机制，积极开展突发事件舆情风险管控与引导工作进行了分析阐述。

图书在版编目（CIP）数据

国家能源集团铁路交通事故应急救援和调查处理指导手册 / 惠舒清，孙彬主编. —北京：北京交通大学出版社，2022.6

ISBN 978-7-5121-4726-3

Ⅰ. ① 国… Ⅱ. ① 惠… ② 孙… Ⅲ. ① 铁路运输－交通运输事故－救援－手册 ② 铁路运输－交通运输事故－处理－手册 Ⅳ. ① U298.6－62

中国版本图书馆 CIP 数据核字（2022）第 080090 号

国家能源集团铁路交通事故应急救援和调查处理指导手册
GUOJIA NENGYUAN JITUAN TIELU JIAOTONG SHIGU YINGJI JIUYUAN HE DIAOCHA CHULI ZHIDAO SHOUCE

策划编辑：张　亮　　责任编辑：陈可亮
出版发行：北京交通大学出版社　　电话：010-51686414　　http://www.bjtup.com.cn
地　　址：北京市海淀区高梁桥斜街 44 号　　邮编：100044
印 刷 者：艺堂印刷（天津）有限公司
经　　销：全国新华书店
开　　本：170 mm×235 mm　　印张：14.25　　字数：231 千字
版 印 次：2022 年 6 月第 1 版　　2022 年 6 月第 1 次印刷
定　　价：88.00 元

本书如有质量问题，请向北京交通大学出版社质监组反映。
投诉电话：010-51686043，51686008；传真：010-62225406；E-mail：press@bjtu.edu.cn。

《国家能源集团铁路交通事故应急救援和调查处理指导手册》

编委会

主　　任：江建武

副 主 任：郭　焘　边利平

主　　编：惠舒清　孙　彬

执行主编：王飞宽　解春明　张延斌　王新平　徐化雨
　　　　　王　巍

编　　委：李文军　常　进　安　鹏　张汉利　赵玉林
　　　　　李春林　孙寿山　周　川　张新光　李世治
　　　　　李　瑞　吴家磊　樊雄伟　张发强　鲁建军

统筹策划：王晓波　李　瑶　段　如

主　　审：张小明　王远生

前　言

党的十八大以来，习近平对安全生产工作作出了一系列重要指示批示，从全局和战略的高度，深刻阐述了新形势下事关安全生产工作方向性、根本性、战略性的重大问题，提出了一系列新思想、新论断、新要求，形成了习近平关于安全生产的重要论述。习近平关于安全生产的重要论述，充分体现了以习近平为核心的党中央对安全生产工作的高度重视，深刻彰显了十八大以来中国共产党安全生产理念的发展脉络和鲜明品格，是做好新时代安全生产工作的根本遵循和行动指南。学习习近平关于安全生产的重要论述，要往深里走、往心里走、往实里走，要全面准确学深悟透该重要论述的形成发展过程、核心要义、思想精髓，原原本本学、原汁原味学，坚持读原著、学原文、悟原理。

为了将习近平关于安全生产的重要论述精神落实到法律中，第十三届全国人民代表大会常务委员会第二十九次会议于 2021 年 6 月 10 日通过了《关于修改〈中华人民共和国安全生产法〉的决定》，对《安全生产法》进行了第三次修正，自 2021 年 9 月 1 日起施行。新修正的《安全生产法》，将习近平关于安全生产工作一系列重要指示批示的精神转化为法律规定，明确了安全生产工作坚持党的领导，要求安全生产工作坚持人民至上、生命至上，树牢安全发展理念，从源头上防范化解重大安全风险；明确了生产经营单位的主要负责人是本单位的安全生产第一责任人，规定了安全生产工作实行“管行业必须管安全、管业务必须管安全、管生产经营必须管安全”；要求各类生产经营单位落实全员安全生产责任制、安全风险分级管控和隐患排查治理双重预防机制，加大了对违法行为的惩处力度，从而为统筹发展和安全两件大事提供了坚强的法治保障。

为全面准确学深悟透习近平关于安全生产的重要论述的形成发展过程、核心要义、思想精髓，坚决贯彻落实《安全生产法》各项要求，全面做好安全生产工作，进一步加强和规范中国特色社会主义新时代国家能源集团依法治企、依法治安，积极提升干部职工安全生产管理能力和标准化作业水平，集团公司组织编写了《国家能源集团铁路交通事故应急救援和调查处理指导手册》。

希望集团公司干部职工通过阅读本书，能够全面领会习近平关于安全生产的重要论述的形成发展过程、核心要义和思想精髓，贯彻落实安全生产法律法规要求，牢固树立安全发展理念，增强安全生产的红线意识、法律意识、危机意识和责任意识，构筑坚实的企业安全“防火墙”，从而依法规避和防范安全风险，提高领导干部依法依规管理决策水平，规范职工标准化作业行为，为全集团公司铁路运输安全长治久安奠定坚实基础。

本书由国家能源集团安全环保监察部筹划，国能包神铁路集团组织，公司安全健康环保部、教育培训中心及子分公司有关人员进行编审，在此过程中得到了中央党校（国家行政学院）应急管理中心张小明教授、中国铁道学会安全委员会马德亮、中国铁路北京局集团有限公司王远生、铁道党校刘瑞全教授的大力支持和协助。在此，谨向上述部门和单位的领导及有关人员表示衷心的感谢。

由于编者能力水平有限，如有错误和不足之处，敬请批评指正。

编　者

2022 年 4 月

目　　录

第一章

深入学习贯彻习近平关于安全生产的重要论述

党的十八大以来，习近平对安全生产工作作出了一系列重要指示批示，从全局和战略的高度，深刻阐述了新形势下事关安全生产工作方向性、根本性、战略性的重大问题，提出了一系列新思想、新论断、新要求，形成了习近平关于安全生产的重要论述。习近平关于安全生产的重要论述，充分体现了以习近平为核心的党中央对安全生产工作的高度重视，深刻彰显了十八大以来中国共产党安全生产理念的发展脉络和鲜明品格，是做好新时代安全生产工作的根本遵循和行动指南。学习贯彻习近平关于安全生产的重要论述，是国家能源集团当前和今后一段时期的首要政治任务和核心工作任务。

学习习近平关于安全生产的重要论述，要往深里走、往心里走、往实里走，要与学习《习近平谈治国理政》第三卷、学习《习近平关于防范风险挑战、应对突发事件论述摘编》联系贯通学、系统深入学。要在全面准确学深悟透习近平关于安全生产的重要论述的形成发展过程、核心要义、思想精髓的基础上，在三个方面同时发力。理念先导：在“两个大局”“两件大事”“两大奇迹”视野下牢固树立安全生产红线意识；关键举措：牢牢扭住“遏制重特大事故”这个安全生产整体工作的“牛鼻子”；有力抓手：建立健全安全生产隐患排查和风险预防治理体系。

一、习近平关于安全生产的重要论述的形成发展过程、核心要义和思想精髓

学习贯彻习近平关于安全生产的重要论述，要全面准确学深悟透该重要论述的形成发展过程、核心要义、思想精髓，原原本本学、原汁原味学，坚持读原著、学原文、悟原理。具体来说，十八大以来习近平关于安全生产的重要论述的形成发展过程，体现为三个阶段，三个阶段的核心要义和思想精髓分别为：第一阶段的“牢固树立安全发展理念”、第二阶段的“生命至上、安全第一”、第三阶段的“人民至上、生命至上”。需要强调指出的是，三个阶段的核心要义和思想精髓之间并不是截然分开的相互替代、相互排斥的关系，而是相互联系、一脉相承、更新迭代的递进发展关系。必须完整、准确、全面地理解、掌握、运用十八大以来习近平关于安全生产的重要论述的发展脉络和鲜明品格，审慎处理好三个阶段的核心要义和思想精髓之间的迭代递进关系；与此同时，一定要严格避免简单粗暴、断章取义的片面理解和实践应用。

（一）第一阶段：牢固树立安全发展理念

牢固树立安全发展理念，是 2015 年 5 月 29 日习近平在主持十八届中共中央政治局就健全公共安全体系进行第二十三次集体学习时发表的重要讲话中正式提出的。习近平强调，公共安全连着千家万户，确保公共安全事关人民群众生命财产安全，事关改革发展稳定大局。要牢固树立安全发展理念，自觉把维护公共安全放在维护最广大人民根本利益中来认识，扎实做好公共安全工作，努力为人民安居乐业、社会安定有序、国家长治久安编织全方位、立体化的公共安全网。要切实抓好安全生产，坚持以人为本、生命至上，全面抓好安全生产责任制和管理、防范、监督、检查、奖惩措施的落实，细化落实各级党委和政府的领导责任、相关部门的监管责任、企业的主体责任，深入开展专项整治，切实消除隐患。要切实提高农产品质量安全水平，以更大力度抓好农产品质量安全，完善农产品质量安全监管体系，把确保质量安全作为农业转方式、调结构的关键环节，让人民群众吃得安全放心。维护公共安全体系，要从最基础的地方做起。要把基层一线作为公共安全的主战场，坚持重心下移、力量下沉、

保障下倾，实现城乡安全监管执法和综合治理网格化、一体化。

在此前后，习近平多次批示指示，强调牢固树立安全发展理念的有关要求。

2013 年 6 月 3 日 6 时 10 分许，位于吉林省长春市德惠市的吉林宝源丰禽业有限公司主厂房发生特别重大火灾爆炸事故，共造成 121 人死亡、76 人受伤，17 234 m^2 主厂房及主厂房内生产设备被损毁，直接经济损失 1.82 亿元。事故发生后，正在国外访问的习近平立即作出重要指示，要求全力以赴组织救援，千方百计救治受伤人员，最大限度减少人员伤亡，认真做好遇难者的善后工作。要查明事故原因，依法追究责任；深刻总结教训，采取有效措施，坚决防止重特大事故发生。2013 年 6 月 6 日，正在国外访问的习近平就做好安全生产工作再次作出重要指示强调，接连发生的重特大安全生产事故，造成重大人员伤亡和财产损失，必须引起高度重视。人命关天，发展决不能以牺牲人的生命为代价。这必须作为一条不可逾越的红线。国务院有关部门将这些事故及发生原因的情况通报各地区各部门，使大家进一步警醒起来，吸取血的教训，痛定思痛，举一反三，开展一次彻底的安全生产大检查，坚决堵塞漏洞、排除隐患。要始终把人民生命安全放在首位，以对党和人民高度负责的精神，完善制度、强化责任、加强管理、严格监管，把安全生产责任制落到实处，切实防范重特大安全生产事故的发生。李克强作出批示，要求把救人作为最重要任务，调集消防、医疗等专业应急力量实施有效救援。依法依规严肃查处相关责任人，采取进一步措施有效制止此类事故发生。

2013 年 11 月 22 日 10 时 25 分，位于山东省青岛经济技术开发区的中国石油化工股份有限公司管道储运分公司东黄输油管道泄漏原油进入市政排水暗渠，在形成密闭空间的暗渠内油气积聚遇火花发生爆炸，造成 62 人死亡、136 人受伤，直接经济损失 75 172 万元。事故发生后，习近平立即作出重要指示，要求山东省和有关部门、企业组织力量排除险情，千方百计搜救失踪、受伤人员，并查明事故原因，总结事故教训，落实安全生产责任，强化安全生产措施，坚决杜绝此类事故，并要求国务院立即派出工作组前往指导抢险搜救工作。李克强作出批示，要求全力搜救失踪受伤人员，核实伤亡情况，深入排查控制危险源，密切监测周边环境，防范次生事故。妥善做好各项善后工作，查明事故原因，及时回应社会关切。要深刻总结教训，加强检查督查，严格落实安全责任。2013 年 11 月 24 日，习近平到山东考察经济社会发展工作，下午专程来到青岛看望、慰问伤员和遇难者家属，听取汇报，并发表重要讲话。习近平强调，这次事故给人民群众生命财产造成严重损失，令人痛心。这次事故再一次给我们敲响了警钟，安全生产必须警钟长鸣、常抓不懈，丝毫放松不得，否则就会给国家和人民带来不可挽回的损失。必须建立健全安全生产责任体系，强化企业主体责任，深化安全生产大检查，认真吸取教训，注重举一反三，全面加强安全生产工作。各级党委和政府、各级领导干部要牢固树立安全发展理念，始终把人民群众生命安全放在第一位。各地区各部门、各类企业都要坚持安全生产高标准、严要求，招商引资、上项目要严把安全生产关，加大安全生产指标考核权重，实行安全生产和重大安全生产事故风险“一票否决”。责任重于泰山。要抓紧建立健全安全生产责任体系，党政一把手必须亲力亲为、亲自动手抓。要把安全责任落实到岗位、落实到人头，坚持管行业必须管安全、管业务必须管安全，加强督促检查、严格考核奖惩，全面推进安全生产工作。所有企业都必须认真履行安全生产主体责任，做到安全投入到位、安全培训到位、基础管理到位、应急救援到位，确保安全生产。中央企业要带好头做表率。各级政府要落实属地管理责任，依法依规，严管严抓。安全生产，要坚持防患于未然。要继续开展安全生产大检查，做到“全覆盖、零容忍、严执法、重实效”。要采用不发通知、不打招呼、不听汇报、不用陪同和接待，直奔基层、直插现场，暗察暗访，特别是要深查地下油气管网这样的隐蔽致灾隐患。要加大隐患整改治理力度，建立安全生产检查工作责任制，实行谁检查、谁签字、谁负责，做到不打折扣、不留死角、不走过场，务必见到成效。要做到“一厂出事故、万厂受教育，一地有隐患、全国受警示”。各地区和各行业领域要深刻吸取安全事故带来的教训，强化安全责任，改进安全监管，落实防范措施。要以对党和人民高度负责的态度，牢牢绷紧安全生产这根弦，把工作抓实抓细抓好，坚决遏制重特大事故，促进全国安全生产形势持续稳定好转。

2014 年 8 月 2 日 7 时 34 分，位于江苏省苏州市昆山市昆山经济技术开发区的昆山中荣金属制品有限公司抛光二车间（即 4 号厂房）发生特别重大铝粉尘爆炸事故，当天造成 75 人死亡、185 人受伤。依照《生产安全事故报告和调查处理条例》（国务院令第 493 号）规定的事故发生后 30 日报告期，共有 97 人死亡、163 人受伤，直接经济损失 3.51 亿元。事故发生后，习近平立即作出重要指示，要求江苏省和有关方面全力做好伤员救治，做好遇难者亲属的安抚工作；查明事故原因，追究责任人责任，汲取血的教训，强化安全生产责任制。正值盛夏，要切实消除各种易燃易爆隐患，切实保障人民群众生命财产安全。李克强作出批示，要求全力组织力量对现场进行深入搜救，千方百计救治受伤人员，抓紧排查隐患，防止发生次生事故，强化安全生产措施，坚决遏制此类事故再度发生。

（二）第二阶段：生命至上、安全第一

生命至上、安全第一，是 2017 年 10 月 18 日习近平在中国共产党第十九次全国代表大会上的报告《决胜全面建成小康社会　夺取新时代中国特色社会主义伟大胜利》中正式提出的。习近平强调，树立安全发展理念，弘扬生命至上、安全第一的思想，健全公共安全体系，完善安全生产责任制，坚决遏制重特大安全事故，提升防灾减灾救灾能力。加强社会心理服务体系建设，培育自尊自信、理性平和、积极向上的社会心态。加强社区治理体系建设，推动社会治理重心向基层下移，发挥社会组织作用，实现政府治理和社会调节、居民自治良性互动。

在此前后，习近平多次批示指示，强调落实生命至上、安全第一的有关要求。

2015 年 6 月 1 日 21 时 32 分许，重庆东方轮船公司所属“东方之星”号客轮由南京开往重庆，当航行至湖北省荆州市监利县长江大马洲水道（长江中游航道里程 300.8 km 处）时翻沉，造成 442 人死亡（事发时船上共有 454 人，经各方全力搜救，12 人生还，442 具遇难者遗体全部找到）。事件发生后，习近平立即作出重要指示，要求国务院立即派工作组赶赴现场指导搜救工作，湖北省、重庆市及有关方面组织足够力量全力开展搜救，并妥善做好相关善后工作。同时，要深刻吸取教训，强化各方面维护公共安全的措施，确保人民生命安全。李克强立即批示交通运输部等有关方面迅速调集一切可以调集的力量，争分夺秒抓紧搜救人员，把伤亡人数降到最低程度；同时及时救治获救人员。6 月 2 日凌晨，李克强代表习近平，率马凯以及有关部门负责同志，紧急赶赴事件现场指挥救援和应急处置工作，强调要动员所有力量，不惜一切代价，抢救生命。6 月 4 日，习近平、李克强先后主持召开中央政治局常务委员会会议和国务院常务会议，强调要组织各方面专家，深入调查分析，坚持以事实为依据，不放

过一丝疑点，彻底查明事件原因，以高度负责精神全面加强安全生产管理。

2015 年 8 月 12 日，位于天津市滨海新区天津港的瑞海国际物流有限公司危险品仓库发生特别重大火灾爆炸事故，造成 165 人遇难、8 人失踪、798 人受伤住院治疗，直接经济损失 68.66 亿元。事故发生后，习近平两次作出重要指示批示，并主持召开中央政治局常委会会议专题听取事故抢险救援和应急处置情况汇报，要求全力搜救人员，千方百计救治伤员，有序进行现场清理，加强环境监测，做好善后处置工作，彻查事故原因并严肃追责，坚决落实安全生产责任制，有效化解各类安全生产风险，保障人民群众生命财产安全。习近平强调，确保安全生产、维护社会安定、保障人民群众安居乐业是各级党委和政府必须承担好的重要责任。天津港“8·12”瑞海公司危险品仓库特别重大火灾爆炸事故以及近期一些地方接二连三发生的重大安全生产事故，再次暴露出安全生产领域存在突出问题、面临形势严峻。血的教训极其深刻，必须牢牢汲取。各级党委和政府要牢固树立安全发展理念，坚持人民利益至上，始终把安全生产放在首要位置，切实维护人民群众生命财产安全。要坚决落实安全生产责任制，切实做到党政同责、一岗双责、失职追责。要健全预警应急机制，加大安全监管执法力度，深入排查和有效化解各类安全生产风险，提高安全生产保障水平，努力推动安全生产形势实现根本好转。各生产单位要强化安全生产第一意识，落实安全生产主体责任，加强安全生产基础能力建设，坚决遏制重特大安全生产事故发生。李克强多次作出批示指出，安全生产事关人民群众生命财产安全，事关经济发展和社会稳定大局。近期，一些地方相继发生重特大安全生产事故，特别是天津港“8·12”瑞海公司危险品仓库特别重大火灾爆炸事故造成重大人员伤亡，损失极其惨重，教训极为深刻，警钟震耳。各地区、各部门要以对人民群众生命高度负责的态度，切实落实和强化安全生产主体责任，全面开展各类隐患排查，特别是要坚决打好危化品和易燃易爆物品等安全专项整治攻坚战，采取有力有效措施加快薄弱环节整改，形成长效机制，切实防范各类重大事故发生。李克强代表习近平，率马凯亲临事故现场指导救援处置工作，主持召开国务院常务会议进行研究部署，听取国务院事故调查组工作进展情况汇报，要求对现场进行深入搜救，全力救治受伤人员，注意做好科学施救，防止发生次生事故，依法依纪严肃追究事故责任，健全完善安全生产长效机制。

2015 年 12 月 20 日，广东省深圳市光明新区红坳渣土受纳场发生特别重大滑坡事故，造成 73 人死亡、4 人下落不明、17 人受伤，直接经济损失 88 112.23 万元。事故发生后，习近平立即作出重要指示，要求广东省、深圳市迅速组织力量开展抢险救援，第一时间抢救被困人员，尽全力减少人员伤亡，做好伤员救治、伤亡人员家属安抚等善后工作。注意科学施救，防止发生次生灾害。中央有关部门指导地方加强各类灾害和安全生产隐患排查，制定预案，加强预警及应急处置等工作，确保人民群众生命财产安全。2015 年 12 月 24 日，习近平在中央政治局常委会会议上对全面加强安全生产工作提出明确要求，强调血的教训警示我们，公共安全绝非小事，必须坚持安全发展，扎实落实安全生产责任制，堵塞各类安全漏洞，坚决遏制重特大事故频发势头，确保人民生命财产安全。李克强在事故发生当天三次作出批示，要求抓紧核实情况，全力组织搜救，全力救治受伤人员，尽最大努力减少伤亡；全面排查周边事故隐患，防止发生二次灾害；查清灾害原因，做好善后处置。李克强指出，当前安全生产形势依然严峻，务必高度重视，警钟长鸣。各地区各部门要坚持人民利益至上，牢固树立安全发展理念，以更大的努力、更有效的举措、更完善的制度，进一步落实企业主体责任、部门监管责任、党委和政府领导责任，扎实做好安全生产各项工作，强化重点行业领域安全治理，加快健全隐患排查治理体系、风险预防控制体系和社会共治体系，依法严惩安全生产领域失职渎职行为，坚决遏制重特大事故频发势头，确保人民群众生命财产安全。

（三）第三阶段：人民至上、生命至上

人民至上、生命至上，是 2020 年 10 月 29 日习近平主持中国共产党第十九届中央委员会第五次全体会议通过的《中共中央关于制定国民经济和社会发展第十四个五年规划和二〇三五年远景目标的建议》中，正式写入十九届五中全会文件的。习近平强调，要统筹发展和安全，建设更高水平的平安中国。坚持总体国家安全观，实施国家安全战略，维护和塑造国家安全，统筹传统安全和非传统安全，把安全发展贯穿国家发展各领域和全过程，防范和化解影响我国现代化进程的各种风险，筑牢国家安全屏障。保障人民生命安全，坚持人民至上、生命至上，把保护人民生命安全摆在首位，全面提高公共安全保障能力。完善和落实安全生产责任制，加强安全生产监管执法，有效遏制危险化学品、矿山、建筑施工、交通等重特大安全事故。强化生物安全保护，提高食品

药品等关系人民健康产品和服务的安全保障水平。提升洪涝干旱、森林草原火灾、地质灾害、地震等自然灾害防御工程标准，加快江河控制性工程建设，加快病险水库除险加固，全面推进堤防和蓄滞洪区建设。完善国家应急管理体系，加强应急物资保障体系建设，发展巨灾保险，提高防灾、减灾、抗灾、救灾能力。

在此前后，习近平多次批示指示，明确提出人民至上、生命至上的有关要求。

2019 年 3 月 21 日 14 时 48 分许，位于江苏省盐城市响水县生态化工园区的天嘉宜化工有限公司发生特别重大爆炸事故，造成 78 人死亡、76 人重伤、640 人住院治疗，直接经济损失 198 635.07 万元。事故发生后，正赴国外访问途中的习近平立即作出重要指示，要求江苏省和有关部门全力抢险救援，搜救被困人员，及时救治伤员，做好善后工作，切实维护社会稳定；要加强监测预警，防控发生环境污染，严防发生次生灾害；要尽快查明事故原因，及时发布权威信息，加强舆情引导。近期一些地方接连发生重大安全事故，各地和有关部门要深刻吸取教训，加强安全隐患排查，严格落实安全生产责任制，坚决防范重特大事故发生，确保人民群众生命和财产安全。习近平特别指出，安全生产工作在抓落实上仍有很大差距，一定要举一反三、亡羊补牢。李克强作出批示，强调要科学有效做好搜救工作，全力以赴救治受伤人员，最大限度减少伤亡，采取有力措施控制危险源，注意防止发生次生事故。应急管理部督促各地进一步排查并消除危化品等重点行业安全生产隐患，夯实各环节责任。

2020 年 5 月 22 日下午，习近平在十三届全国人大三次会议内蒙古代表团审议时强调，中国共产党根基在人民、血脉在人民。我们党没有自己特殊的利益，党在任何时候都把群众利益放在第一位。这是我们党作为马克思主义政党区别于其他政党的显著标志。在重大疫情面前，我们一开始就鲜明提出把人民生命安全和身体健康放在第一位。在全国范围调集最优秀的医生、最先进的设备、最急需的资源，全力以赴投入疫病救治，救治费用全部由国家承担。人民至上、生命至上，保护人民生命安全和身体健康可以不惜一切代价。人民是我们党执政的最大底气。必须把为民造福作为最重要的政绩。我们推动经济社会发展，归根到底是为了不断满足人民群众对美好生活的需要。要始终把人民安居乐业、安危冷暖放在心上，用心用情用力解决群众关心的就业、教育、社保、医疗、住房、养老、食品安全、社会治安等实际问题。2020 年 6 月 2 日，习近平在专家学者座谈会上发表重要讲话，再次强调人民至上、生命至上理念。习近平指出，人民安全是国家安全的基石。这次新冠肺炎患者救治工作，我们坚持人民至上、生命至上，前所未有调集全国资源开展大规模救治，不遗漏一个感染者，不放弃每一位病患，从出生不久的婴儿到 100 多岁的老人都不放弃，确保患者不因费用问题影响就医。

2020 年 6 月 28 日，习近平对防汛救灾工作作出重要指示，要求各地区和有关部门要坚持人民至上、生命至上，统筹做好疫情防控和防汛救灾工作，坚决落实责任制，坚持预防预备和应急处突相结合，加强汛情监测，及时排查风险隐患，有力组织抢险救灾，妥善安置受灾群众，维护好生产生活秩序，切实把确保人民生命安全放在第一位落到实处。2020 年 7 月 17 日，习近平主持中共中央政治局常务委员会会议并发表重要讲话，强调防汛救灾关系人民生命财产安全，关系粮食安全、经济安全、社会安全、国家安全。各级党委和政府要全面落实防汛救灾主体责任，加强领导，守土尽责，切实把保障人民生命财产安全放到第一位。必须加强组织领导和责任落实，坚持预防预备和应急处置相结合，加强统筹协调，强化协同配合，抓实抓细防汛救灾各项措施。各有关地区都要做好预案准备、队伍准备、物资准备、蓄滞洪区运用准备，宁可备而不用，不可用时无备。

二、理念先导：在“两个大局”“两件大事”“两大奇迹”视野下牢固树立安全生产红线意识

习近平多次强调，接连发生的重特大安全生产事故，造成重大人员伤亡和财产损失，必须引起高度重视。人命关天，发展决不能以牺牲人的生命为代价。这必须作为一条不可逾越的红线。各级党委和政府特别是领导干部要牢固树立安全生产的观念，正确处理安全和发展的关系，坚持发展决不能以牺牲安全为代价这条红线。经济社会发展的每一个项目、每一个环节都要以安全为前提，不能有丝毫疏漏。要加强安全生产监管，分区分类加强安全监管执法，强化企业主体责任落实，牢牢守住安全生产底线，切实维护人民群众生命财产安全。生命重于泰山。各级党委和政府务必把安全生产摆到重要位置，树牢安全发展

理念，绝不能只重发展不顾安全，更不能将其视作无关痛痒的事，搞形式主义、官僚主义。

习近平关于牢固树立安全生产红线意识的重要论述十分重要，催人警醒，意义深远，充分体现了党中央对保障人民生命安全的高度重视，深刻阐明了安全生产工作的极端重要性，再次敲响了安全生产的警钟，并为安全生产工作指明了方向，具有十分重要的指导意义。学习习近平关于安全生产的重要论述，牢固树立安全生产红线意识，必须在“两个大局”“两件大事”“两大奇迹”视野下深刻理解安全生产红线意识。

第一，从“两个大局”的宏大视野深刻理解安全生产红线意识。

习近平多次强调，领导干部要胸怀两个大局，一个是中华民族伟大复兴的战略全局，一个是世界百年未有之大变局，这是我们谋划工作的基本出发点。当前，世界大变局加速深刻演变，全球动荡源和风险点增多，我国外部环境复杂严峻。新冠肺炎疫情全球大流行加剧了世界大变局的演变，大幅增加了我国发展外部环境的不稳定性、不确定性。我们要从习近平“两个大局”科学论断的宏大视野，深刻理解安全生产红线意识，强化风险意识和忧患意识，常观大势、常思大局，科学预见形势发展走势和隐藏其中的风险挑战，做到未雨绸缪。要牢固树立安全生产红线意识，提高风险化解能力，透过复杂现象把握本质，在危机中育新机、于变局中开新局，抓住要害、找准原因、果断决策，善于引导群众、组织群众，善于整合各方力量、科学排兵布阵，有效予以处理。

第二，从“两件大事”的宽广视野深刻理解安全生产红线意识。

习近平多次强调，统筹发展和安全两件大事是新时代我们党治国理政的一个重大原则。要从统筹发展和安全“两件大事”的宽广视野，深刻理解安全生产红线意识。发展是第一要务，是解决我国一切问题的基础和关键。但安全问题是事关人类前途命运的重大问题。安全是发展的前提和保障。没有安全，一切都无从谈起。新形势下，各种风险挑战明显增多、联动叠加效应明显增强。我们要牢固树立安全生产红线意识，既聚焦重点，又统揽全局，有效防范各类风险连锁联动。

第三，从“两大奇迹”的比较视野深刻理解安全生产红线意识。

习近平多次指出，新中国成立七十多年来，我们党领导人民创造了世所罕见的经济快速健康发展和社会长期安全稳定“两大奇迹”，推动党和国家各项事业取得新的重大进展，中华民族迎来了从站起来、富起来到强起来的伟大飞跃。要从“两大奇迹”的比较视野，探究“中国之治”与“西方之乱”鲜明对比背后的制度密码，从而深刻理解安全生产红线意识。创造“两大奇迹”的根本奥秘就在于坚持党的领导，坚持和发展中国特色社会主义制度。中国特色社会主义制度和国家治理体系是以马克思主义为指导、植根中国大地、具有深厚中华文化根基、深得人民拥护的制度和治理体系，是具有强大生命力和巨大优越性的制度和治理体系。我国安全生产监管体系在长期的突发事件应对实践中已经充分展现出自己的特色和优势，成功应对了一次又一次重大突发事件，有效化解了一个又一个重大安全风险，创造了许多安全生产、应急管理的奇迹，充分体现了中国特色社会主义制度的显著优势和巨大威力。要在借鉴国外安全生产有益做法的基础上，创新我国安全生产监管体系的特色和优势，牢固树立安全生产红线意识，从而进一步将中国特色安全生产制度优势转化为治理效能，运用中国特色安全生产制度威力应对重大安全风险挑战的冲击。

三、关键举措：牢牢扭住“遏制重特大事故”这个安全生产整体工作的“牛鼻子”

习近平多次强调，要把遏制重特大事故作为安全生产整体工作的“牛鼻子”来抓，在煤矿、危化品、道路运输等方面抓紧规划实施一批生命防护工程，积极研发应用一批先进安防技术，切实提高安全发展水平。要始终把人民生命安全放在首位，以对党和人民高度负责的精神，完善制度、强化责任、加强管理、严格监管，把安全生产责任制落到实处，切实防范重特大安全生产事故的发生。必须时时敲响警钟，绷紧安全生产这根弦，准备打持久战。必须坚持安全发展，扎实落实安全生产责任制，堵塞各类安全漏洞，坚决遏制重特大事故频发势头，确保人民生命财产安全。要严格实行党政领导干部安全生产工作责任制，切实做到失职追责。

牢牢扭住“遏制重特大事故”这个安全生产整体工作的“牛鼻子”，是习近平的明确指示和要求，是做好新时代安全生产工作的关键举措。要做到以下四点：

第一，必须坚决遏制重特大事故频发势头，加强应急救援工作，最大限度减少人员伤亡和财产损失。重特大事故都不同程度存在主体责任不落实、隐患排查治理不彻底、法规标准不健全、安全监管执法不严格、监管体制机制不完善、安全基础薄弱、应急救援能力不强等问题。当前安全生产形势依然严峻，务必高度重视，警钟长鸣。要坚持人民利益至上，牢固树立安全发展理念，以更大的努力、更有效的举措、更完善的制度，坚决遏制重特大事故频发势头，确保人民群众生命财产安全。要改革安全生产应急救援体制，提高组织协调能力和现场救援实效。要实施精准治理，预警发布要精准，抢险救援要精准，恢复重建要精准，监管执法要精准。要加强应急救援队伍建设，建设一支专常兼备、反应灵敏、作风过硬、本领高强的应急救援队伍。要强化安全生产应急救援队伍战斗力建设，抓紧补短板、强弱项，提高各类事故救援能力。要强化安全生产装备技术支撑，优化整合各类科技资源，推进安全生产科技自主创新，依靠科技提高安全生产的科学化、专业化、智能化、精细化水平。要加大先进适用装备的配备力度，加强关键技术研发，提高事故响应和处置能力。要适应科技信息化发展大势，以信息化推进安全生产现代化，提高安全生产监测预警能力、监管执法能力、辅助指挥决策能力、救援实战能力和社会动员能力。

第二，必须坚定不移保障安全发展，狠抓安全生产责任制落实。要强化"党政同责、一岗双责、齐抓共管、失职追责"，坚持以人为本、以民为本。要强化各级党委和政府的安全监管职责。各级党委和政府要增强责任意识。落实安全生产责任制，要加快完善安全生产管理体制，强化安全监管部门综合监管责任，严格落实行业主管部门监管责任、地方党委和政府属地管理责任，坚持管行业必须管安全，管业务必须管安全，管生产经营必须管安全，加强基层安全监管执法队伍建设，制定权力清单和责任清单，督促落实到位。要发挥各级安委会指导协调、监督检查、巡查考核的作用，形成上下合力，齐抓共管。要强化中央企业的安全生产责任。中央企业是起带头作用的，履行安全生产责任方面应该走在最前列。要标本兼治、举一反三、建章立制，采取一系列完善和纠正措施，把中央企业的带头作用发挥好。要严格事故调查，严肃责任追究。要审时度势、宽严有度，解决失之于软、失之于宽的问题。对责任单位和责任人要打到疼处、痛处，让他们真正痛定思痛、痛改前非，有效防止悲剧重演。要抓好安全生产大检查，采取务实的整改措施。

第三，必须深化改革创新，加强和改进安全监管工作，强化各类开发区、工业园区、港区、风景区等功能区安全监管体制，严格落实安全管理措施，举一反三，在标准制定、体制机制上认真考虑如何改革和完善。要完善安全生产许可制度，严把安全准入关。要加强安全生产应急预案管理，健全应急预案体系，落实各环节责任和措施。要坚持群众观点和群众路线，坚持社会共治，完善公民安全教育体系，推动安全宣传进企业、进农村、进社区、进学校、进家庭，加强公益宣传，普及安全知识，培育安全文化，开展常态化应急疏散演练，筑牢防灾减灾救灾的人民防线。各级党委和政府要切实担负起“促一方发展、保一方平安”的政治责任，严格落实责任制。要建立健全重大安全事故调查评估制度，对玩忽职守造成损失或重大社会影响的，依纪依法追究当事方的责任。要发挥好应急管理部门的综合优势和各相关部门的专业优势，根据职责分工承担各自责任，衔接好“防”和“救”的责任链条，确保责任链条无缝对接，形成整体合力。

第四，必须强化依法治理，用法治思维和法治手段解决安全生产问题，加快安全生产相关法律法规制定修订，加强安全生产监管执法，强化基层监管力量，着力提高安全生产法治化、规范化水平。要健全安全生产法律法规和标准体系，统筹做好涉及安全生产的法律法规和标准的制定修订工作，系统梳理和修订安全生产相关法律法规，抓紧研究制定安全生产、应急管理、应急救援组织、国家消防救援人员、危险化学品安全等方面的法律法规，加强安全生产监管执法工作。

四、有力抓手：建立健全安全生产隐患排查和风险预防治理体系

习近平多次强调，安全生产是民生大事，一丝一毫不能放松，要以对人民极端负责的精神抓好安全生产工作，站在人民群众的角度想问题，把重大风险隐患当成事故来对待，守土有责，敢于担当，完善体制，严格监管，让人民群众安心放心。要对易发重特大事故的行业领域采取风险分级管控、隐患排查治理双重预防性工作机制，推动安全生产关口前移。要进一步警醒起来，吸取血的教训，痛定思痛，举一反三，开展一次彻底的安全生产大检查，坚决堵塞漏洞、排除隐患。

建立健全安全生产隐患排查和风险预防治理体系，推动安全生产关口前移，是做好新时代安全生产工作的有力抓手。要做到以下三点：

第一，建立健全安全生产隐患排查治理体系，切实加强安全风险识别管控和隐患排查治理，严密防范各类事故风险叠加放大。要加强安全生产基础建设，提升安全保障能力，针对城市建设、危旧房屋、玻璃幕墙、渣土堆场、尾矿库、燃气管线、地下管廊等重点隐患和煤矿、非煤矿山、危化品、烟花爆竹、交通运输等重点行业以及游乐、“跨年夜”等大型群众性活动，坚决做好安全防范，特别是要严防踩踏事故发生。要坚持关口前移，加强日常防范，加强源头治理、前端处理，建立健全安全生产形势分析制度，及时清除安全生产隐患。要安而不忘危、治而不忘乱，增强忧患意识和责任意识，始终保持高度警觉，任何时候都不能麻痹大意。要针对安全生产事故主要特点和突出问题，层层压实责任，狠抓整改落实，强化安全生产隐患排查治理，深入排查各领域各环节安全生产隐患，从根本上消除事故隐患，有效遏制重特大事故发生。

第二，建立健全安全生产风险预防评估体系，增强安全风险意识，加强源头治理。我国各类事故隐患和安全风险交织叠加、易发多发，影响公共安全的因素日益增多。要建立健全安全生产风险预防评估机制，坚持从源头上防范重大安全风险，真正把问题解决在萌芽之时、成灾之前。要加强城市运行管理，加强城乡安全风险辨识，全面开展城市风险点、危险源的普查，防止认不清、想不到、管不到等问题的发生。要强化风险防控，支持引导社区居民开展风险隐患排查和治理，积极推进安全风险网格化管理，从根本上消除事故隐患，有效遏制重特大事故发生。要坚持问题导向，从人民群众反映最强烈的问题入手，高度重视并切实解决安全生产面临的一些突出矛盾和问题，着力补齐短板、堵塞漏洞、消除隐患，着力抓重点、抓关键、抓薄弱环节。要从最基础的地方做起。要把基层一线作为安全生产的主战场，坚持重心下移、力量下沉、保障下倾，实现城乡安全监管执法和综合治理网格化、一体化。要认真汲取各类生产安全事故的教训，推广基层一线维护公共安全的好办法、好经验。

第三，建立健全安全生产风险监测治理体系，强化安全生产风险监测预警和防控治理机制。要加强对危化品、矿山、道路交通、消防等重点行业领域的安全风险排查，扎实推进危险化学品、矿山、交通运输、工业园、城市建设、危险废物等重点领域安全整治，提升多灾种和灾害链综合监测、风险早期识别和预报预警能力。要完善风险防控机制，建立健全风险研判机制、决策风险评估机制、风险防控协同机制、风险防控责任机制，提高风险化解的战略思维、历史思维、辩证思维、创新思维、法治思维、底线思维能力。要不断强化安全生产风险治理的基础性地位，提高安全生产风险治理的科学化、规范化、系统化水平；成立安全生产风险治理专门机构，推进安全生产风险治理标准化，促进安全生产风险治理与绩效管理、财政支持有机结合；制定安全生产风险评估指南，为安全生产风险治理工作提供明确的制度规范；统一规范，实现全过程精细化、标准化、空间化安全生产风险治理；公开透明，实时更新和及时发布安全生产风险评估结果；以安全生产风险评估为基础编制安全生产应急预案和应急规划。要全面治理化解各类安全风险隐患，狠抓严格监管执法和事故处理整改落实，把好安全监管每一道关口，加快建立安全生产长效机制。

第二章

《安全生产法》重点条款解读与应用

《中华人民共和国安全生产法》（以下简称《安全生产法》）是我国安全生产的基础法、综合法，是为了加强安全生产工作，防止和减少生产安全事故，保障人民群众生命和财产安全，促进经济社会持续健康发展而制定。《安全生产法》自 2002 年公布施行以来，于 2009 年和 2014 年先后进行过两次修正。2021 年 6 月 10 日，第十三届全国人民代表大会常务委员会第二十九次会议通过了关于修改《安全生产法》的决定，自 2021 年 9 月 1 日起施行。全国人大的修改决定一共 42 条，大约占原来条款的 1/3。第三次修正后的《安全生产法》共 7 章 119 条。

新修正的《安全生产法》，一是将习近平关于安全生产工作一系列重要指示批示的精神转化为法律规定，增加了安全生产工作坚持人民至上、生命至上，树牢安全发展理念，从源头上防范化解重大安全风险等规定，为统筹发展和安全两件大事提供了坚强的法治保障。二是健全了安全生产责任体系，强化党委和政府的领导责任，明确了安全生产工作坚持党的领导；明确了各有关部门的监管职责，规定安全生产工作实行“管行业必须管安全、管业务必须管安全、管生产经营必须管安全”。压实生产经营单位的主体责任，明确了生产经营单位的主要负责人是本单位的安全生产第一责任人。同时，要求各类生产经营单位落实全员的安全生产责任制、安全风险分级管控和隐患排查治理双重预防机制，加强安全生产标准化建设，切实提高安全生产水平。三是增加规定了重大事故隐患排查治理情况的报告、高危行业领域强制实施安全生产责任保险、安全生产公益诉讼等重要制度。四是强化了新问题、新风险的防范应对，要求餐饮行业使用燃气的生产经营单位要安装可燃气体报警装置，并且保障其正常使用；对于平台经济等新兴行业、领域产生的新风险，也强调了应当建立健全并落实全员安全生产责任制。五是加大了对违法行为的惩处力度，罚款金额更高，对特别重大事故的罚款最高可以达到 1 亿元。

一、《安全生产法》的一般规定

（一）立法目的

《安全生产法》第一条就开宗明义写道："为了加强安全生产工作，防止和减少生产安全事故，保障人民群众生命和财产安全，促进经济社会持续健康发展，制定本法。"安全生产工作是全方位的，内容很广，包括安全管理、职工培训、设备质量、安全投入、安全监管等诸多方面。本法规定的立法目的，突出了安全生产工作具有的特性和基础性、综合性的特点，明确了安全生产工作的立法定位，使做好安全生产工作具有了法的约束力和强制力，最终保障安全生产，维护社会和谐，实现安全发展的目标。制定《安全生产法》，从法律途径上全面提升安全生产工作摆位，全面提升企业主体责任。在法律制度上规范生产经营单位的安全生产行为，确保安全生产的法定措施，并以国家强制力保障这些法定制度和措施得以严格地贯彻执行，最终防止和减少生产安全事故，促进安全生产状况持续稳定好转，减少职业危害，有效防范和遏制重特大事故，保障经济社会全面、协调、可持续健康发展，保障人民群众的生命财产安全。

（二）安全生产工作宗旨、方针和工作机制

《安全生产法》第三条特别强调："安全生产工作坚持中国共产党的领导。安全生产工作应当以人为本，坚持人民至上、生命至上，把保护人民生命安全摆在首位，树牢安全发展理念，坚持安全第一、预防为主、综合治理的方针，从源头上防范化解重大安全风险。安全生产工作实行管行业必须管安全、管业务必须管安全、管生产经营必须管安全，强化和落实生产经营单位主体责任与政府监管责任，建立生产经营单位负责、职工参与、政府监管、行业自律和社

会监督的机制。”

法条明确了安全生产工作的总体宗旨就是要坚持中国共产党的领导；总体方针是以人为本，坚持人民至上、生命至上，坚持安全第一、预防为主、综合治理；同时规定了“三管三必须”的工作机制：管行业必须管安全、管业务必须管安全、管生产经营必须管安全。2016 年 12 月 18 日公布的《中共中央国务院关于推进安全生产领域改革发展的意见》（中发〔2016〕32 号）对“管行业必须管安全、管业务必须管安全、管生产经营必须管安全”和“谁主管谁负责”的原则进行了明确。2017 年《国务院安全生产委员会成员单位安全生产工作职责分工》再次对“管行业必须管安全、管业务必须管安全、管生产经营必须管安全”进行了明确，并提出了具体要求。《安全生产法》将“三管三必须”正式纳入法条，做了法律固定。

安全第一：就是在生产经营活动中，在处理保证安全与实现生产经营活动的其他各项目标的关系上，要始终把安全放在首要的位置，不能以牺牲人的生命和健康，换取经济发展和效益。预防为主：就是要把重心放在预防上，强化隐患排查治理，“打非治违”，从源头上控制、预防和减少生产安全事故。综合治理：就是运用行政、经济、法治、科技等多种手段，充分发挥政府、社会、职工、舆论监督各个方面的作用，做好安全生产工作。强化和落实安全主体责任，建立生产经营单位负责、职工参与、政府监管、行业自律和社会监督的机制。做好安全生产工作，落实主体责任是根本，企业自律是前提，职工参与是基础，政府监管是关键，社会监督是保障。

为贯彻落实党中央关于安全生产领域改革发展的决策部署，《安全生产法》把安全生产宗旨、方针、工作机制，以法的形式确定下来，更加凸显其严肃性，为做好安全生产工作提供了根本遵循。

二、《安全生产法》对企业的要求

（一）明确生产经营单位安全生产的主体责任

《安全生产法》第四条规定：“生产经营单位必须遵守本法和其他有关安全生产的法律、法规，加强安全生产管理，建立健全全员安全生产责任制和安全生产规章制度，加大对安全生产资金、物资、技术、人员的投入保障力度，改善安全生产条件，加强安全生产标准化、信息化建设，构建安全风险分级管控和隐患排查治理双重预防机制，健全风险防范化解机制，提高安全生产水平，确保安全生产。平台经济等新兴行业、领域的生产经营单位应当根据本行业、领域的特点，建立健全并落实全员安全生产责任制，加强从业人员安全生产教育和培训，履行本法和其他法律、法规规定的有关安全生产义务。”第三次修正的《安全生产法》把原规定“建立健全安全生产责任制和安全生产规章制度”修改为“建立健全全员安全生产责任制和安全生产规章制度”，把原“推进”安全生产标准化建设修改为“加强”安全生产标准化、信息化建设。

全员安全生产责任制是企业岗位责任制的一个组成部分，是企业中最基本的一项安全制度，也是企业安全生产、劳动保护管理制度的核心，主要由岗位安全职责、履职质量评估和失职追究考核三部分组成，是一个完整的安全生产履职考核体系。岗位安全职责确定后，履职质量评估尤为重要。集团公司的安全生产的实践证明：安全在管理、管理在落实、落实在考核。再好的制度，如果不落实，就是一堆废纸。《岗位安全职责》制定后，必须要建立一套科学的履责评估和考核制度，促使《岗位安全职责》得到有效落实。

安全生产中的失责追究考核，是安全生产责任制中关键的一环。应当建立严谨、有力的安全失责追究考核办法，突出“纪严于法、纪法协同，执纪必严、违纪必究”和让制度“长牙”、纪律“带电”的原则，并且加强教育引导，强化干部职工的“高压线”意识，对制度产生敬畏感。

通过明确岗位职责、履责评估和失责考核，形成岗位职责管理的闭环，真正解决每个岗位“干什么、怎么干、干到什么程度和干不好怎么办”的问题。近年来的一系列事故警示，生产经营单位的主体责任需要进一步“责任到人”，既要盯住责任人，也应当建立健全并落实本单位全员安全生产责任制，充分标志着“全员安全生产责任制”时代来临。

《安全生产法》把推进安全生产标准化建设作为企业履行安全主体责任的重要内容，并在第十一条中规定：“国务院有关部门应当按照保障安全生产的要求，依法及时制定有关的国家标准或者行业标准，并根据科技进步和经济发展适时修订。生产经营单位必须执行依法制定的保障安全生产的国家标准或者行业标准。”第三次修正的《安全生产法》增加了一条，即第十二条，明确规定：

“国务院有关部门按照职责分工负责安全生产强制性国家标准的项目提出、组织起草、征求意见、技术审查。国务院应急管理部门统筹提出安全生产强制性国家标准的立项计划。国务院标准化行政主管部门负责安全生产强制性国家标准的立项、编号、对外通报和授权批准发布工作。国务院标准化行政主管部门、有关部门依据法定职责对安全生产强制性国家标准的实施进行监督检查。”将安全生产标准化建设入法，体现了党中央抓安全生产的理性思维。安全生产标准化，是在传统的安全质量标准化的基础上，学习借鉴国外先进安全管理经验，根据企业生产工艺特点而形成的一套系统的、规范的、科学的安全管理体系，对提高企业本质安全，从源头杜绝违章指挥、强令冒险作业、违反操作规程等行为意义重大。

（二）明确生产经营单位的主要负责人是安全生产第一责任人

《安全生产法》第五条规定：“生产经营单位的主要负责人是本单位安全生产第一责任人，对本单位的安全生产工作全面负责。其他负责人对职责范围内的安全生产工作负责。”企业董事长和总经理是生产经营单位的主要负责人，也是企业安全生产的第一责任人。生产经营单位的副职应当对自己职责范围内的安全生产工作负责。第二十一条规定了生产经营单位的主要负责人对本单位安全生产工作的 7 项职责：“（一）建立健全并落实本单位全员安全生产责任制，加强安全生产标准化建设；（二）组织制定并实施本单位安全生产规章制度和操作规程；（三）组织制定并实施本单位安全生产教育和培训计划；（四）保证本单位安全生产投入的有效实施；（五）组织建立并落实安全风险分级管控和隐患排查治理双重预防工作机制，督促、检查本单位的安全生产工作，及时消除生产安全事故隐患；（六）组织制定并实施本单位的生产安全事故应急救援预案；（七）及时、如实报告生产安全事故。”

国家能源集团按照“安全第一、预防为主、综合治理”方针和“党政同责、一岗双责”以及“领导负责、逐级负责、专业负责、分工负责、岗位负责”的原则，把安全生产法律法规、铁路行业标准和国家能源集团各项安全管理制度分解细化到党政工团、人劳财计、车机工电等系统，分解细化到各职能部门的每一名干部职工，做到纵向到底、横向到边，即“没有没人管的事”和“没有不管事的人”。

生产经营单位的安全生产责任制，越体现在生产操作层面就越要具体、细化，把每一项工作、每一个环节、每一项措施都落实到班组、落实到全员，确保无疏漏、无死角。如生产经营单位的其他管理者的《岗位安全职责》，就应结合分管工作，在分解、细化董事长、总经理《岗位安全职责》项点的基础上，按照“一岗双责”、逐级细化、逐级负责和“谁主管谁负责”的原则，把安全生产法律法规以及铁路行业和国家能源集团制定的《技规》《操规》《安规》《维规》等确定的重点工作内容、检查标准和管理要求进行细化、量化，特别是规章制度的动态建设与完善、安全会议制度的落实与效果、安全教育培训、安全应急预案与演练、安全投入、现场作业检查和安全关键控制、安全隐患排查和整治双重机制、安全考核等，应当逐项、逐级细化到每个管理岗位和从业人员，做到科学、严谨、实用、有效。

（三）明确工会在安全生产方面的职责

《安全生产法》第七条规定：“工会依法对安全生产工作进行监督。生产经营单位的工会依法组织职工参加本单位安全生产工作的民主管理和民主监督，维护职工在安全生产方面的合法权益。生产经营单位制定或者修改有关安全生产的规章制度，应当听取工会的意见。”本条规定的目的在于加强工会在安全生产方面的作用。按照《工会法》的规定，工会组织有权监督有关劳动安全卫生法律法规和政策措施的落实，督促企业认真执行国家有关劳动保护的法律和政策，落实安全生产责任制，不断改善职工的劳动安全卫生条件。

（四）保证安全生产投入，改善安全生产条件

《安全生产法》第二十一条规定了生产经营单位的主要负责人对本单位安全生产工作负有的职责，其中第四项为“保证本单位安全生产投入的有效实施”。《安全生产法》第二十三条规定：“生产经营单位应当具备的安全生产条件所必需的资金投入，由生产经营单位的决策机构、主要负责人或者个人经营的投资人予以保证，并对由于安全生产所必需的资金投入不足导致的后果承担责任。有关生产经营单位应当按照规定提取和使用安全生产费用，专门用于改善安全生产条件。安全生产费用在成本中据实列支。安全生产费用提取、使用和监督管理的具体办法由国务院财政部门会同国务院应急管理部门征求国务院有关部

门意见后制定。”《安全生产法》第二十条规定：“生产经营单位应当具备本法和有关法律、行政法规和国家标准或者行业标准规定的安全生产条件；不具备安全生产条件的，不得从事生产经营活动。”生产经营单位应当具备法律规定的安全生产条件，这就需要一定的资金投入，用于安全设施设备建设、安全防护用品配备等。安全生产投入是保障生产经营单位具备安全生产条件的必要物质基础。大量生产安全事故的分析表明，生产经营单位的安全生产投入不足，是导致事故发生的重要原因之一。如：2014 年 8 月 2 日，江苏省苏州市昆山中荣金属制品有限公司发生特别重大铝粉尘爆炸事故，当天造成 75 人死亡、185 人受伤。依照《生产安全事故报告和调查处理条例》（国务院令第 493 号）规定的事故发生后 30 日报告期，共有 97 人死亡、163 人受伤，直接经济损失 3.51 亿元。事故的直接原因就是：企业主为增加产量，超装机器设备台数，同时又不按规定投入资金安装除尘设备，导致粉尘严重超标，遇到火源，发生爆炸。

按照财政部和安全监管总局《企业安全生产费用提取和使用管理办法》（财企〔2012〕16 号）的规定，铁路企业普通货运以上年度实际营业收入的 1%、客运以 1.5%的标准平均逐月提取安全费用，用于下列项目：改造和维护安全防护设施设备支出；配备、维护和保养应急救援器材及应急演练支出；开展重大危险源和事故隐患评估、监控和整改支出；安全生产检查、评估、咨询及标准化建设支出；配备和更新现场作业人员安全防护用品支出；安全生产宣传、教育、培训支出；安全生产新技术、新标准、新工艺、新装备的推广应用支出；安全设施及特种设备检测检验等。并规定安全费用要优先用于满足安全生产监管部门以及行业主管部门对企业安全生产提出的整改措施或者达到安全生产标准所需的支出，不得挤占、挪用。

依据《安全生产法》第九十三条的规定，生产经营单位的决策机构、主要负责人或者个人经营的投资人不依照本法规定保证安全生产所必需的资金投入，致使生产经营单位不具备安全生产条件的，责令限期改正，提供必需的资金；逾期未改正的，责令生产经营单位停产停业整顿。有前款违法行为，导致发生生产安全事故的，对生产经营单位的主要负责人给予撤职处分，对个人经营的投资人处二万元以上二十万元以下的罚款；构成犯罪的，依照刑法有关规定追究刑事责任。

（五）构建安全风险分级管控和隐患排查治理双重预防机制，加强对重大危险源的安全管控和整治

《安全生产法》第四十一条规定："生产经营单位应当建立安全风险分级管控制度，按照安全风险分级采取相应的管控措施。生产经营单位应当建立健全并落实生产安全事故隐患排查治理制度，采取技术、管理措施，及时发现并消除事故隐患。事故隐患排查治理情况应当如实记录，并通过职工大会或者职工代表大会、信息公示栏等方式向从业人员通报。其中，重大事故隐患排查治理情况应当及时向负有安全生产监督管理职责的部门和职工大会或者职工代表大会报告。县级以上地方各级人民政府负有安全生产监督管理职责的部门应当将重大事故隐患纳入相关信息系统，建立健全重大事故隐患治理督办制度，督促生产经营单位消除重大事故隐患。"第三次修正《安全生产法》时在第四条增加了"构建安全风险分级管控和隐患排查治理双重预防机制"的规定，将第三十八条改为第四十一条，增加了"生产经营单位应当建立安全风险分级管控制度""生产经营单位应当建立健全并落实生产安全事故隐患排查治理制度"的规定。第三十九条、第四十条对生产经营单位的危险物品或者处置废弃危险物品以及重大危险源做了管控规定。同时在第一百零一条增加了不履行这些规定应承担的法律责任，"责令限期改正，处十万元以下的罚款；逾期未改正的，责令停产停业整顿，并处十万元以上二十万元以下的罚款，对其直接负责的主管人员和其他直接责任人员处二万元以上五万元以下的罚款；构成犯罪的，依照刑法有关规定追究刑事责任"。

生产经营单位应当定期组织开展安全生产风险辨识评估。按照风险不同级别、所需管控资源、管控能力、管控措施的复杂及难易程度确定不同管控等级，从高到低划分为重大风险、较大风险、一般风险和低风险，从组织、制度、技术等方面对安全风险进行有效管控，把风险控制在隐患形成之前。同时还要加强事故隐患排查治理。定期对事故隐患进行排查，建立事故隐患信息档案，按照职责分工实施监控管理，制订整改方案，采取可靠的安全保障措施消灭事故隐患，提高企业本质安全水平。

近年发生的两起事故为我们敲响了警钟。

2018 年 11 月 3 日，兰海高速兰州南收费站发生一起重大道路交通事故。

一辆大货车途经 17 km 长的连续下坡路段时，制动失灵，与兰州南收费站前等候通卡的 31 辆车连续相撞，造成 15 人死亡、44 人受伤，其中 10 人重伤。据事后调查，兰海高速开通以来，已有 240 辆车被上坡方向、因制动失灵冲下来的车辆撞毁，兰州南收费站前，是出了名的“死亡陷阱”。安全隐患就明摆在那里，而且一摆数年，但隐患一直未得到治理，导致车祸不断……

2019 年 2 月 23 日，内蒙古某矿业公司发生运送工人下井作业的车辆撞上隧道重大事故，造成 22 人死、28 人伤残。根据国家应急管理部有关人士介绍，事故车辆是矿业公司从网上购买的无检验、无标志、无认证的“三无”产品，且严重超员（应荷载不超过 30 人，实际承载 50 人），车辆无座椅、无扶手；企业还违反安全设施设计规定，擅自将措施斜坡道运用于人员运输，当车辆制动失灵，司机试图将车辆贴着左侧隧道壁，增大摩擦降速时，车辆却直接撞上了隧道。

分析两起事故，第一起事故：这么危险的路段，设计时，为什么没有考虑和规避持续长大下坡路段潜在的安全风险隐患？有关主管部门面对接二连三发生的相撞事故，为什么没有采取断然措施？第二起事故：事故公司曾获得“全国高新技术企业证书”，仅 2018 年 1—9 月，就实现营业收入 9.2 亿元，却在网上购置“三无”产品的车辆用于运送工人达 3 年之久。而此前，地方安监局曾进行过安全风险评估，却没有发现这一显而易见的安全隐患。

《安全生产法》第四十条规定：“生产经营单位对重大危险源应当登记建档，进行定期检测、评估、监控，并制定应急预案，告知从业人员和相关人员在紧急情况下应当采取的应急措施。生产经营单位应当按照国家有关规定将本单位重大危险源及有关安全措施、应急措施报有关地方人民政府应急管理部门和有关部门备案。有关地方人民政府应急管理部门和有关部门应当通过相关信息系统实现信息共享。”根据《危险化学品重大危险源辨识》（GB 18218—2018）规定，搞好重大危险源治理，主要做好 9 项工作：① 普查辨识，登记建档；② 建立健全安全管理制度，落实监控责任；③ 保证资金投入；④ 开展安全教育培训；⑤ 定期检查、建档登记、隐患整改；⑥ 建立应急网络；⑦ 做好应急救援预案和演练；⑧ 定期进行安全评估；⑨ 科技保安全。

《安全生产法》第七十条规定：“负有安全生产监督管理职责的部门依法对存在重大事故隐患的生产经营单位作出停产停业、停止施工、停止使用相关设施或者设备的决定，生产经营单位应当依法执行，及时消除事故隐患。生产经营单位拒不执行，有发生生产安全事故的现实危险的，在保证安全的前提下，经本部门主要负责人批准，负有安全生产监督管理职责的部门可以采取通知有关单位停止供电、停止供应民用爆炸物品等措施，强制生产经营单位履行决定。通知应当采用书面形式，有关单位应当予以配合。负有安全生产监督管理职责的部门依照前款规定采取停止供电措施，除有危及生产安全的紧急情形外，应当提前二十四小时通知生产经营单位。生产经营单位依法履行行政决定、采取相应措施消除事故隐患的，负有安全生产监督管理职责的部门应当及时解除前款规定的措施。”

（六）加强对从业人员的人文关怀

针对近年来因员工行为异常导致生产安全事故发生的现象，第三次修正的《安全生产法》在第四十四条增加了一款：“生产经营单位应当关注从业人员的身体、心理状况和行为习惯，加强对从业人员的心理疏导、精神慰藉，严格落实岗位安全生产责任，防范从业人员行为异常导致事故发生。”立法对生产经营单位提出建立健全关怀职工身体健康和行为习惯、心理健康等相关制度，加强对关键工种人员开展心理服务，及时对职工出现的心理问题进行疏导、精神慰藉的要求，充分体现了对从业人员的人文关怀。

《安全生产法》第五十六条规定：“生产经营单位发生生产安全事故后，应当及时采取措施救治有关人员。因生产安全事故受到损害的从业人员，除依法享有工伤保险外，依照有关民事法律尚有获得赔偿的权利的，有权提出赔偿要求。”这一规定意味着因生产安全事故受到损害的从业人员，除了依法享有工伤保险待遇外，在符合民事法律规定的情况下，还有获得民事赔偿的权利。

（七）生产经营单位的安全生产协作

《安全生产法》第四十八条作出生产经营单位安全生产协作的规定，这是安全生产管理中的一项重要制度，即：“两个以上生产经营单位在同一作业区域内进行生产经营活动，可能危及对方生产安全的，应当签订安全生产管理协议，明确各自的安全生产管理职责和应当采取的安全措施，并指定专职安全生产管理人员进行安全检查与协调。”实践中，安全生产管理协议，既是有关生产经营单位履行各自安全生产管理职责的依据，也是判明生产安全事故责任的重要依据。《安全生产法》第一百零四条规定：“两个以上生产经营单位在同一作业区域内进行可能危及对方安全生产的生产经营活动，未签订安全生产管理协议或者未指定专职安全生产管理人员进行安全检查与协调的，责令限期改正，处五万元以下的罚款，对其直接负责的主管人员和其他直接责任人员处一万元以下的罚款；逾期未改正的，责令停产停业。”

（八）健全安全生产责任保险制度

第三次修正的《安全生产法》第五十一条规定：“生产经营单位必须依法参加工伤保险，为从业人员缴纳保险费。国家鼓励生产经营单位投保安全生产责任保险；属于国家规定的高危行业、领域的生产经营单位，应当投保安全生产责任保险。具体范围和实施办法由国务院应急管理部门会同国务院财政部门、国务院保险监督管理机构和相关行业主管部门制定。”安全生产责任保险制度具有风险转嫁能力强、事故预防能力突出、注重应急救援和第三者伤害补偿等特点，对维护生命财产安全作用明显。安全生产责任保险的保险范围不仅包括本企业的从业人员，而且包括第三方的人员伤亡和财产损失，以及相关救援救护、事故鉴定、法律诉讼等费用，要求保险公司为投保的生产经营单位提供生产安全事故预防服务。根据《中共中央　国务院关于推进安全生产领域改革发展的意见》，铁路属于高危行业，其生产经营单位依法应当投保安全生产责任保险。《安全生产法》第一百零九条规定了罚则：“高危行业、领域的生产经营单位未按照国家规定投保安全生产责任保险的，责令限期改正，处五万元以上十万元以下的罚款；逾期未改正的，处十万元以上二十万元以下的罚款。”

三、从业人员的安全生产责任

（一）严格落实岗位安全责任

《安全生产法》第五十七条规定：“从业人员在作业过程中，应当严格落实岗位安全责任，遵守本单位的安全生产规章制度和操作规程，服从管理，正确佩戴和使用劳动防护用品。”遵章守制，服从管理，正确佩戴和使用劳动防护用品，是从业人员在安全生产过程中应尽的义务，《安全生产法》对此作出明确规定。所谓从业人员，是指在本单位工作并取得劳动报酬的全部人员，包括在岗职工、再就业的离退休人员以及在各单位中工作的外方人员和港澳台方人员、兼职人员、借用的外单位人员和第二职业者等实际参加生产或工作的全部劳动力。但不包括离开本单位仍保留劳动关系的职工。生产经营单位的安全生产规章制度是企业规章制度的重要组成部分，一般包括：安全生产责任制、安全技术措施管理、安全生产教育、安全生产检查、伤亡事故报告、各类事故管理、劳动保护设施管理、要害岗位管理、安全值日制度、安全生产竞赛办法、安全生产奖惩办法、劳动防护用品的发放管理办法，等等。这些制度是保证劳动者的安全和健康，保证生产活动顺利进行的手段，没有健全和严格的安全生产规章制度，安全生产就没有保障。

《安全生产法》第六十一条规定：“生产经营单位使用被派遣劳动者的，被派遣劳动者享有本法规定的从业人员的权利，并应当履行本法规定的从业人员的义务。”可见，立法将劳务派遣人员也纳入从业人员行列加以规制。

对从业人员不落实岗位安全责任，不服从管理，违反安全生产规章制度或者操作规程的，《安全生产法》第一百零七条规定了法律责任：“由生产经营单位给予批评教育，依照有关规章制度给予处分；构成犯罪的，依照刑法有关规定追究刑事责任。”

（二）从业人员接受安全生产教育及培训的规定

《安全生产法》第五十八条规定：“从业人员应当接受安全生产教育和培训，掌握本职工作所需的安全生产知识，提高安全生产技能，增强事故预防和应急处理能力。”这是深刻汲取了日常不注重安全生产教育和培训而导致发生生产安全事故的惨痛教训而制定的条款，从法治层面强化了安全教育培训的强制力和约束力。2008 年，广东一家工艺制品厂发生火灾，造成 84 人死亡、100 多人受伤。发生火灾的作业场所是一栋三层小楼，初火是因为一层电线短路引燃易燃物。起火后，很多人跑向该楼层的灭火器，试图用灭火器扑救。但由于没有经过消防培训，不会操作和使用，以至于火势迅速蔓延至二、三层，300 多名职工慌作一团，拥挤在焊死的铁窗前，造成部分被烧致死的惨痛后果。事后调查：

该厂电工是从路边找来的农民工，根本不懂电工知识，也没有受过专门培训，违规安装大负荷电器设备。由于超负荷，电源铅丝保险经常烧断，于是就违规使用铜线代替铅丝保险，加之电线接头虚接、打火、短路，引燃了电线下方的可燃物，酿成了大祸。另一起事故是2007年山西临汾一起死亡105人的矿难。当时50多名休班矿工听说发生事故，情绪激动，不听劝阻，自发下井营救。由于没有受过专业救援培训，结果下井施救的50多名矿工无一生还，最小的年仅19岁。还有因无知进行一连串错误操作，葬送19条生命的事故。2019年9月，宁波一家日用品加工厂区，一名男员工工作时把一桶加热后的化学原料倒入塑料桶，不想，桶里突然蹿起了一团火苗。本来只是一团小火，附近就有灭火器，只要使用灭火器，就可以轻松把火扑灭。但是由于不具备基本操作知识，他采取了一连串的错误操作：看到起火，该员工第一反应是用嘴去吹，但这一吹，反而把火吹得更旺了；见嘴吹灭不了火，他又拿盖子去盖，可盖子太小，根本解决不了问题；这时，旁边的另一个桶也被引燃了，一个火点变成了两个火点；此时吹已经不管用，慌乱中，他又找来一块纸板对着火苗使劲扇风，而这无异于火上浇油，火借风势，越烧越旺。而此刻，3个灭火器，就静静地立在距离他几米远的地方。如果他立刻去拿并正确使用，依然可以灭掉这场火，但他没有。这时，同车间的另一个男员工看到了火情，但是他没有采取任何行动，只是冷眼观望了足足20秒之后，转身继续做他的事了。附近的一名女员工也发现了火情，而她居然也没有做出任何反应！此时两分多钟过去了，火势越来越大，塑料桶渐渐熔化，形成了流淌火，四处蔓延。最初那个男员工又采取了最错误的措施：提着一桶水向着火泼了过去。他显然不知道，香水、乙醇、汽油这种比水轻的物质起火，用水去扑救，就等于火上浇油。这个错误操作，让火势彻底失去控制，瞬间扩散，并引燃了周边的可燃物，形成了一团巨大的“火蘑菇”。此时周围员工意识到不妙，但他们仍然没有采取有效措施灭火，没有报警，更没有通知楼上的同事疏散逃生，而是手忙脚乱地逃离了火场。大火随之吞噬了整个车间，并向楼上迅猛蔓延……二楼和三楼正常工作的20名员工瞬间被大火吞没。火灾造成19死、3伤的后果。由于无知，让一个小小的火苗，演变成了一场19死、3伤的生产安全事故，教训惨痛。而企业日常安全教育培训的缺失，恰恰是造成从业人员无知的土壤。

《安全生产法》第二十一条和第二十五条，将安全教育培训列入了生产经营单位的主要负责人、安全生产管理机构和安全生产管理人员的岗位职责，并规定要“如实记录安全生产教育和培训情况”，就是强化企业主要负责人督促落实安全培训工作。第二十八条、第二十九条、第三十条专门论述了安全教育培训的对象、内容和方法。第二十八条规定：“生产经营单位应当对从业人员进行安全生产教育和培训，保证从业人员具备必要的安全生产知识，熟悉有关的安全生产规章制度和安全操作规程，掌握本岗位的安全操作技能，了解事故应急处理措施，知悉自身在安全生产方面的权利和义务。未经安全生产教育和培训合格的从业人员，不得上岗作业。生产经营单位使用被派遣劳动者的，应当将被派遣劳动者纳入本单位从业人员统一管理，对被派遣劳动者进行岗位安全操作规程和安全操作技能的教育和培训。劳务派遣单位应当对被派遣劳动者进行必要的安全生产教育和培训。生产经营单位接收中等职业学校、高等学校学生实习的，应当对实习学生进行相应的安全生产教育和培训，提供必要的劳动防护用品。学校应当协助生产经营单位对实习学生进行安全生产教育和培训。生产经营单位应当建立安全生产教育和培训档案，如实记录安全生产教育和培训的时间、内容、参加人员以及考核结果等情况。”第二十九条规定：“生产经营单位采用新工艺、新技术、新材料或者使用新设备，必须了解、掌握其安全技术特性，采取有效的安全防护措施，并对从业人员进行专门的安全生产教育和培训。”第三十条规定：“生产经营单位的特种作业人员必须按照国家有关规定经专门的安全作业培训，取得相应资格，方可上岗作业。”

实践中存在下列现象：有的领导或部门，以人员紧张为由，拒绝抽调职工参加安全教育培训；有的单位职教部门或车间，对安全教育培训不重视，安全培训无计划、无记录、无考核；有的不敢坚持原则，为了应付上级检查，在未组织安全教育培训的情况下，编造假计划、假记录、假考试等假档案（代签、代考，或不培训开卷抄，亦属于假档案）或不建档，不如实记录教育培训内容、考试结果等。《安全生产法》第九十七条规定，存在“未按照规定对从业人员、被派遣劳动者、实习学生进行安全生产教育和培训，或者未按照规定如实告知有关的安全生产事项的；未如实记录安全生产教育和培训情况的；特种作业人员未按照规定经专门的安全作业培训并取得相应资格，上岗作业的”情形，“责令限期改正，处十万元以下的罚款；逾期未改正的，责令停产停业整顿，并处十万元以上二十万元以下的罚款，对其直接负责的主管人员和其他直接责任人员处二万元以上五万元以下的罚款”。

（三）从业人员的安全生产报告义务以及依法享有的安全生产权利

《安全生产法》第六条规定：“生产经营单位的从业人员有依法获得安全生产保障的权利，并应当依法履行安全生产方面的义务。”第五十九条规定了从业人员的安全生产报告义务：“从业人员发现事故隐患或者其他不安全因素，应当立即向现场安全生产管理人员或者本单位负责人报告；接到报告的人员应当及时予以处理。” 生产安全事故虽然有意外性、偶然性和突发性的特点，但它又有一定的规律，可以通过采取有效措施尽可能加以预防。从业人员处于生产的第一线，有可能及时发现事故隐患或者其他不安全因素，因此，立法对从业人员发现事故隐患或者其他不安全因素规定了立即报告义务。接受报告的主体一般是现场安全生产管理人员或者本单位的负责人，以便对事故隐患或其他不安全因素及时做出处理，防止事故发生。法条规定的上述内容应写入单位的《岗位作业指导书》中。

同时，《安全生产法》第五十三条、第五十四条、第五十五条对从业人员依法享有的安全生产权利做了具体规定。第五十三条规定：“生产经营单位的从业人员有权了解其作业场所和工作岗位存在的危险因素、防范措施及事故应急措施，有权对本单位的安全生产工作提出建议。”第五十四条规定：“从业人员有权对本单位安全生产工作中存在的问题提出批评、检举、控告；有权拒绝违章指挥和强令冒险作业。生产经营单位不得因从业人员对本单位安全生产工作提出批评、检举、控告或者拒绝违章指挥、强令冒险作业而降低其工资、福利等待遇或者解除与其订立的劳动合同。”第五十五条规定：“从业人员发现直接危及人身安全的紧急情况时，有权停止作业或者在采取可能的应急措施后撤离作业场所。生产经营单位不得因从业人员在前款紧急情况下停止作业或者采取紧急撤离措施而降低其工资、福利等待遇或者解除与其订立的劳动合同。”从业人员依法享有的这些安全生产权利，应纳入生产经营单位的《岗位作业指导书》。

四、生产经营单位安全生产的监督检查

（一）设置安全生产管理机构，配备安全生产管理人员

《安全生产法》第二十四条规定：“矿山、金属冶炼、建筑施工、运输单位和危险物品的生产、经营、储存、装卸单位，应当设置安全生产管理机构或者配备专职安全生产管理人员。前款规定以外的其他生产经营单位，从业人员超过一百人的，应当设置安全生产管理机构或者配备专职安全生产管理人员；从业人员在一百人以下的，应当配备专职或者兼职的安全生产管理人员。” 生产经营单位应当在符合上述规定时，设置安全生产管理机构，配备安全生产管理人员。安全生产管理机构是企业内部设置的负责安全生产事务的内设机构，它不同于负有安全生产监督管理职责的政府部门。后者是行政主体，在为安全生产监督管理开展行政行为时，依法对生产经营单位进行安全生产监督检查，对其违反法律、法规的行为给予行政处罚等。而生产经营单位内部设置安全生产管理机构有职责和义务对本单位的安全生产工作进行经常性检查，对检查中发现的生产安全问题及时处理，对事故隐患及时排除。根据主要负责人的安排，负责组织或者参与拟定本单位安全生产规章制度、操作规程、安全事故应急救援预案，以确保相关制度规程和预案符合本单位安全生产的实际，起到应有的作用。安全生产管理机构是贯彻落实本单位有关安全生产方针政策、法律、法规、标准以及规章制度等事项的具体执行者。

（二）明确安全生产管理机构及安全生产管理人员的职责

《安全生产法》第二十五条规定，生产经营单位可以设置专职安全生产分管负责人，协助本单位主要负责人履行安全生产管理职责；并具体规定了生产经营单位的安全生产管理机构以及安全生产管理人员应当履行的 7 项职责：① 组织或者参与拟订本单位安全生产规章制度、操作规程和生产安全事故应急救援预案；② 组织或者参与本单位安全生产教育和培训，如实记录安全生产教育和培训情况；③ 组织开展危险源辨识和评估，督促落实本单位重大危险源的安全管理措施；④ 组织或者参与本单位应急救援演练；⑤ 检查本

单位的安全生产状况，及时排查生产安全事故隐患，提出改进安全生产管理的建议；⑥ 制止和纠正违章指挥、强令冒险作业、违反操作规程的行为；⑦ 督促落实本单位安全生产整改措施。本条较之对生产经营单位主要负责人岗位职责的规定更加具体、细化。仅以安全培训方面的内容为例，第二十一条规定生产经营单位的主要负责人“组织制定并实施本单位安全生产教育和培训计划”，而对安全生产管理机构及安全生产管理人员则要求“组织或者参与本单位安全生产教育和培训，如实记录安全生产教育和培训情况”。

（三）明确监督检查的方法和内容

安全检查根据主体的不同可以分为行政主管部门进行的安全检查和生产经营单位自行安全检查两种形式，尤其以生产经营单位的自查最为常见和普遍，这一职责往往由生产经营单位内设的安全生产管理机构及安全生产管理人员承担。《安全生产法》第四十六条对生产经营单位的安全生产监督检查做了规定：“生产经营单位的安全生产管理人员应当根据本单位的生产经营特点，对安全生产状况进行经常性检查；对检查中发现的安全问题，应当立即处理；不能处理的，应当及时报告本单位有关负责人，有关负责人应当及时处理。检查及处理情况应当如实记录在案。生产经营单位的安全生产管理人员在检查中发现重大事故隐患，依照前款规定向本单位有关负责人报告，有关负责人不及时处理的，安全生产管理人员可以向主管的负有安全生产监督管理职责的部门报告，接到报告的部门应当依法及时处理。”

人的不安全行为和物的不安全状态，是造成生产安全事故发生的基本因素。消除这些因素，排除安全隐患，就要设法及时发现，进而采取消除的措施，这就需要生产经营单位的安全生产管理人员对本单位的安全生产状况进行经常性的检查。一般来说，检查内容主要涉及安全生产规章制度是否健全完善，安全设备、设施是否处于正常的运行状态，从业人员是否掌握相关安全知识和操作技能，在工作中是否能够严格遵守安全生产规章、制度和操作规程，劳动防护用品是否符合标准以及是否有其他事故隐患，等等。

五、生产经营单位生产安全事故的应急救援与调查处理

（一）生产安全事故应急救援预案的制定及演练

《安全生产法》第八十一条规定："生产经营单位应当制定本单位生产安全事故应急救援预案，与所在地县级以上地方人民政府组织制定的生产安全事故应急救援预案相衔接，并定期组织演练。"组织制定并实施本单位的生产安全事故应急救援预案，是《安全生产法》赋予企业主要负责人的职责。制定生产安全事故应急救援预案，就是未雨绸缪，一旦出现突发事件，能够从容应对，科学处置，减少损失。

为规范生产安全事故应急预案管理工作，原国家安全生产监督管理总局于 2009 年 4 月 1 日发布《生产安全事故应急预案管理办法》，自 2009 年 5 月 1 日起施行。2016 年 7 月 1 日，修订后的《生产安全事故应急预案管理办法》施行。2019 年 7 月 11 日应急管理部以部令第 2 号公布《应急管理部关于修改〈生产安全事故应急预案管理办法〉的决定》，自 2019 年 9 月 1 日起施行。2019 年第二次修订《生产安全事故应急预案管理办法》涉及 19 项内容，涵盖生产安全事故应急预案的编制、评审、公布、备案、实施及监督管理工作。如：对《生产安全事故应急预案管理办法》第二十六条作相应修改，规定易燃易爆物品、危险化学品等危险物品的生产、经营、储存、运输单位，矿山、金属冶炼、城市轨道交通运营、建筑施工单位等有关重点单位，按照分级属地原则，向有关部门进行应急预案备案。《生产安全事故应急预案管理办法》对生产安全事故应急预案的编制、评审、公布、备案、宣传、教育、培训、演练、评估、修订及监督管理工作作出了具体的规定。

（二）生产经营单位对生产安全事故的报告义务

发生事故或非正常情况后，相关人员必须立即、逐级报告，不得瞒报、谎报或者迟报。"相关人员"既包括生产经营单位发生生产安全事故的现场有关人员，也包括生产经营单位的主要负责人。《安全生产法》第八十三条规定："生产经营单位发生生产安全事故后，事故现场有关人员应当立即报告本单位负

责人。单位负责人接到事故报告后，应当迅速采取有效措施，组织抢救，防止事故扩大，减少人员伤亡和财产损失，并按照国家有关规定立即如实报告当地负有安全生产监督管理职责的部门，不得隐瞒不报、谎报或者迟报，不得故意破坏事故现场、毁灭有关证据。”第二十一条规定的生产经营单位主要负责人对本单位安全生产工作负有的职责，也包括及时、如实报告生产安全事故。

为贯彻落实《中共中央　国务院关于推进安全生产领域改革发展的意见》要求，建立健全安全生产行政执法与刑事司法衔接工作机制，依法惩治安全生产违法行为，保障人民群众生命财产安全和社会稳定，应急管理部、公安部、最高人民法院、最高人民检察院联合印发《安全生产行政执法与刑事司法衔接工作办法》(应急〔2019〕54 号)，自 2019 年 4 月 16 日实施。其中“不报、谎报安全事故”等七类案件，被明确为涉嫌安全生产犯罪。《刑法》第一百三十九条之一规定了“不报、谎报安全事故罪”：在安全事故发生后，负有报告职责的人员不报或者谎报事故情况，贻误事故抢救，情节严重的，处三年以下有期徒刑或者拘役；情节特别严重的，处三年以上七年以下有期徒刑。负有报告职责的人员主要指生产经营单位的负责人、实际控制人、负责生产经营管理的投资人以及其他负有报告职责的人员。

为了进一步加强社会对安全生产工作的监督，《安全生产法》第七十三条规定：“负有安全生产监督管理职责的部门应当建立举报制度，公开举报电话、信箱或者电子邮件地址等网络举报平台，受理有关安全生产的举报；受理的举报事项经调查核实后，应当形成书面材料；需要落实整改措施的，报经有关负责人签字并督促落实。对不属于本部门职责，需要由其他有关部门进行调查处理的，转交其他有关部门处理。涉及人员死亡的举报事项，应当由县级以上人民政府组织核查处理。”

（三）事故调查的基本原则、主要任务和相关要求

《安全生产法》第八十六条规定了事故调查的基本原则是“科学严谨、依法依规、实事求是、注重实效”。根据事故的不同等级，分别由不同层级的政府和部门负责调查。但无论是哪一级政府和部门组织事故调查，都要遵循上述基本原则。

根据第八十六条的规定，事故调查的主要任务包括：① 及时、准确地查清事故原因；② 查明事故性质和责任；③ 评估应急处置工作；④ 总结事故教训，提出整改措施；⑤ 对事故责任单位和人员提出处理建议。

事故调查和处理的根本目的，绝不仅仅是针对问题和责任给予惩治，更是要查明原因，发现漏洞，分清责任，使生产经营单位领导和从业人员从中吸取教训，改进工作，防止事故再次发生。因此《安全生产法》第八十六条要求："事故发生单位应当及时全面落实整改措施，负有安全生产监督管理职责的部门应当加强监督检查。负责事故调查处理的国务院有关部门和地方人民政府应当在批复事故调查报告后一年内，组织有关部门对事故整改和防范措施落实情况进行评估，并及时向社会公开评估结果；对不履行职责导致事故整改和防范措施没有落实的有关单位和人员，应当按照有关规定追究责任。"

六、违反《安全生产法》的法律责任

（一）安全生产法律责任的特点

《安全生产法》第三次修正后，法律责任部分的规定更加具体、实用，并与国家刑事法律相衔接。总体上加大了对生产经营单位及其负责人安全生产违法行为的处罚力度。普遍提高了罚款数额；增加了"生产经营单位被责令改正且受到罚款处罚，拒不改正的，监管部门可以按日连续处罚"的规定；针对安全生产领域"屡禁不止、屡罚不改"等问题，加大了对违法行为恶劣的生产经营单位的关闭力度，对主要负责人实施职业禁入等规定；加大了对生产经营单位未按规定履行公示义务的违法失信行为的联合惩戒和公开力度。目的在于对违法行为真正起到震慑作用，提高违法成本，让生产经营单位不敢违法、不能违法，从根本上消除隐患、解决问题，同时也体现了对合法守信市场主体的保护。

《刑法》规定了与安全生产有关的罪名，如：重大责任事故罪、强令违章冒险作业罪、重大劳动安全事故罪、危险物品肇事罪等。2018 年河北盛华公司发生的重大爆燃事故，法院审理查明，12 名被告人在生产、作业中违反有关安全管理规定，致使发生重大危险化学品爆燃责任事故，造成多人伤亡和巨大经济损失，情节特别严重，其失职行为已构成重大责任事故罪。法院判处其中 11 人 3～5 年有期徒刑，1 人免于刑事处罚。

根据 2021 年 3 月 1 日实施的《刑法修正案（十一）》以及《最高人民法院、最高人民检察院关于执行〈中华人民共和国刑法〉确定罪名的补充规定（七）》（法释〔2021〕2 号），涉及有关安全生产的内容有：

（1）增加强令、组织他人违章冒险作业罪罪名，取消强令违章冒险作业罪罪名。将《刑法》第一百三十四条第二款修改为：“强令他人违章冒险作业，或者明知存在重大事故隐患而不排除，仍冒险组织作业，因而发生重大伤亡事故或者造成其他严重后果的，处五年以下有期徒刑或者拘役；情节特别恶劣的，处五年以上有期徒刑。”

（2）增加危险作业罪罪名。在《刑法》第一百三十四条后增加内容，作为第一百三十四条之一：“在生产、作业中违反有关安全管理的规定，有下列情形之一，具有发生重大伤亡事故或者其他严重后果的现实危险的，处一年以下有期徒刑、拘役或者管制：（一）关闭、破坏直接关系生产安全的监控、报警、防护、救生设备、设施，或者篡改、隐瞒、销毁其相关数据、信息的；（二）因存在重大事故隐患被依法责令停产停业、停止施工、停止使用有关设备、设施、场所或者立即采取排除危险的整改措施，而拒不执行的；（三）涉及安全生产的事项未经依法批准或者许可，擅自从事矿山开采、金属冶炼、建筑施工，以及危险物品生产、经营、储存等高度危险的生产作业活动的。”

（3）修改了提供虚假证明文件罪，增加了“保荐、安全评价、环境影响评价、环境监测等职责的中介组织的人员”为犯罪主体等。

可见，现在的法律规制下，对在生产、作业中违反有关安全管理的规定，具有发生重大伤亡事故或者其他严重后果的现实危险的，即使没有发生生产安全事故，也可能被追究刑事责任。2021 年 3 月 8 日上午，浙江省杭州市萧山区应急管理局执法人员对某公司进行执法检查。期间，执法人员发现厂区内一简易钢棚搭设的仓库，玻璃窗均被物体人为遮挡，检查发现仓库内堆放了大量危化品，包括满瓶二氧化碳、氧气、乙炔、混合气体、氮气等共 176 个气瓶。同时，该仓库紧邻公司员工宿舍楼搭设，宿舍楼里还住着数十个工人，一旦发生爆炸，后果不堪设想。经核查，该公司未取得危化品经营许可证，该仓库也不具备存放危化品的安全条件。执法人员当即依法开具了现场处理措施决定书，责令该公司立即停止储存危险化学品，并对现场气瓶进行异地扣押。随后，杭州市萧山区应急管理部门同公安机关积极对接，萧山区公安分局于3月9日对犯罪嫌疑人余某某以涉嫌危险作业罪依法刑事拘留。再如：修改《刑法》第一百三十四条第二款“强令、组织他人违章冒险作业罪”，规定“强令他人违章冒险作业，或者明知存在重大事故隐患而不排除，仍冒险组织作业，因而发生重大伤亡事故或者造成其他严重后果的，处五年以下有期徒刑或者拘役；情节特别恶劣的，处五年以上有期徒刑”。今后，生产经营单位的领导、调度等人员，在明知确实存在危险或者已经违章，从业人员人身安全和国家、企业的财产安全没有保证，继续生产会发生严重后果的情况下，仍然不顾相关法律规定，以解雇、减薪以及其他威胁，强行命令或者胁迫从业人员进行作业，造成重大伤亡事故或者严重财产损失的，要按上述规定承担刑事责任。

（二）生产经营单位负责人和安全生产管理人员的法律责任

《安全生产法》第九十三条规定：“生产经营单位的决策机构、主要负责人或者个人经营的投资人不依照本法规定保证安全生产所必需的资金投入，致使生产经营单位不具备安全生产条件的，责令限期改正，提供必需的资金；逾期未改正的，责令生产经营单位停产停业整顿。有前款违法行为，导致发生生产安全事故的，对生产经营单位的主要负责人给予撤职处分，对个人经营的投资人处二万元以上二十万元以下的罚款；构成犯罪的，依照刑法有关规定追究刑事责任。”第九十四条规定：“生产经营单位的主要负责人未履行本法规定的安全生产管理职责的，责令限期改正，处二万元以上五万元以下的罚款；逾期未改正的，处五万元以上十万元以下的罚款，责令生产经营单位停产停业整顿。生产经营单位的主要负责人有前款违法行为，导致发生生产安全事故的，给予撤职处分；构成犯罪的，依照刑法有关规定追究刑事责任。生产经营单位的主要负责人依照前款规定受刑事处罚或者撤职处分的，自刑罚执行完毕或者受处分之日起，五年内不得担任任何生产经营单位的主要负责人；对重大、特别重大生产安全事故负有责任的，终身不得担任本行业生产经营单位的主要负责人。”第九十五条规定：“生产经营单位的主要负责人未履行本法规定的安全生产管理职责，导致发生生产安全事故的，由应急管理部门依照下列规定处以罚款：（一）发生一般事故的，处上一年年收入百分之四十的罚款；（二）发生较大事故的，处上一年年收入百分之六十的罚款；（三）发生重大事故的，处上一年年收入百分之八十的罚款；（四）发生特别重大事故的，处上一年年收入百分之一百的罚款。”第一百零六条规定：“生产经营单位与从业人员订立协议，免除或者减轻其对从业人员因生产安全事故伤亡依法应承担的责任的，该协议无效；对生产经营单位的主要负责人、个人经营的投资人处二万元以上十万元以下的罚款。”第一百一十条规定：“生产经营单位的主要负责人在本单位发生生产安全事故时，不立即组织抢救或者在事故调查处理期间擅离职守或者逃匿的，给予降级、撤职的处分，并由应急管理部门处上一年年收入百分之六十至百分之一百的罚款；对逃匿的处十五日以下拘留；构成犯罪的，依照刑法有关规定追究刑事责任。生产经营单位的主要负责人对生产安全事故隐瞒不报、谎报或者迟报的，依照前款规定处罚。”

《安全生产法》第九十六条规定：“生产经营单位的其他负责人和安全生产管理人员未履行本法规定的安全生产管理职责的，责令限期改正，处一万元以上三万元以下的罚款；导致发生生产安全事故的，暂停或者吊销其与安全生产有关的资格，并处上一年年收入百分之二十以上百分之五十以下的罚款；构成犯罪的，依照刑法有关规定追究刑事责任。”

（三）生产经营单位的法律责任

第三次修正《安全生产法》对生产经营单位法律责任的规定呈现出以下特点：

（1）罚款金额更高。对特别重大事故的罚款，最高可以达到 1 亿元。《安全生产法》第一百一十四条规定：“发生生产安全事故，对负有责任的生产经营单位除要求其依法承担相应的赔偿等责任外，由应急管理部门依照下列规定处以罚款：（一）发生一般事故的，处三十万元以上一百万元以下的罚款；（二）发生较大事故的，处一百万元以上二百万元以下的罚款；（三）发生重大事故的，处二百万元以上一千万元以下的罚款；（四）发生特别重大事故的，处一千万元以上二千万元以下的罚款。发生生产安全事故，情节特别严重、影响特别恶劣的，应急管理部门可以按照前款罚款数额的二倍以上五倍以下对负有责任的生产经营单位处以罚款。”

（2）处罚方式更严。违法行为一经发现，即责令整改并处罚款，拒不整改的，责令停产停业整改整顿，并且可以按日连续计罚。《安全生产法》第一百一十二条规定："生产经营单位违反本法规定，被责令改正且受到罚款处罚，拒不改正的，负有安全生产监督管理职责的部门可以自作出责令改正之日的次日起，按照原处罚数额按日连续处罚。"

（3）惩戒力度更大。有关部门和机构对存在失信行为的生产经营单位采取联合惩戒措施，最严重的对生产经营单位依法吊销有关证照等。《安全生产法》第一百一十三条规定："生产经营单位存在下列情形之一的，负有安全生产监督管理职责的部门应当提请地方人民政府予以关闭，有关部门应当依法吊销其有关证照。生产经营单位主要负责人五年内不得担任任何生产经营单位的主要负责人；情节严重的，终身不得担任本行业生产经营单位的主要负责人：（一）存在重大事故隐患，一百八十日内三次或者一年内四次受到本法规定的行政处罚的；（二）经停产停业整顿，仍不具备法律、行政法规和国家标准或者行业标准规定的安全生产条件的；（三）不具备法律、行政法规和国家标准或者行业标准规定的安全生产条件，导致发生重大、特别重大生产安全事故的；（四）拒不执行负有安全生产监督管理职责的部门作出的停产停业整顿决定的。"

比次修法还增加规定安全生产违法行为信息通报制度。《安全生产法》第七十八条规定："负有安全生产监督管理职责的部门应当建立安全生产违法行为信息库，如实记录生产经营单位及其有关从业人员的安全生产违法行为信息；对违法行为情节严重的生产经营单位及其有关从业人员，应当及时向社会公告，并通报行业主管部门、投资主管部门、自然资源主管部门、生态环境主管部门、证券监督管理机构以及有关金融机构。有关部门和机构应当对存在失信行为的生产经营单位及其有关从业人员采取加大执法检查频次、暂停项目审批、上调有关保险费率、行业或者职业禁入等联合惩戒措施，并向社会公示。负有安全生产监督管理职责的部门应当加强对生产经营单位行政处罚信息的及时归集、共享、应用和公开，对生产经营单位作出处罚决定后七个工作日内在监督管理部门公示系统予以公开曝光，强化对违法失信生产经营单位及其有关从业人员的社会监督，提高全社会安全生产诚信水平。"

（四）生产经营单位从业人员的法律责任

《安全生产法》第一百零七条规定了从业人员安全生产义务，这是保障安全生产的一个必要条件，从业人员必须遵守。如果违反了法律所规定的义务，应当依照第一百零七条规定承担相应的法律责任。本条所述构成犯罪的，主要是指构成刑法规定的重大责任事故罪，即在生产作业中违反有关安全管理的规定，发生重大伤亡事故或者造成其他严重后果的，处三年以下有期徒刑或者拘役；情节特别恶劣的，处三年以上七年以下有期徒刑。构成重大责任事故罪，必须具备以下条件：一是行为人在生产、作业中实施了违反有关安全管理规定的行为；二是因违反安全管理规定，造成重大伤亡事故或者其他严重后果，且违反规定的行为与重大伤亡事故或者其他严重后果之间存在刑法上的因果关系；三是行为人主观方面表现为过失。即应当知道自己违反安全管理规定的生产、作业的行为可能导致会造成重大伤亡事故但因为疏忽大意而没有预见，或者虽然已经预见但根据主客观条件轻信能够避免，最终导致重大伤亡事故或者其他严重后果。如果行为人对造成的后果的心态是故意，则构成其他危害公共安全的犯罪。

（五）对行政处罚主体的特别规定

《安全生产法》第一百一十五条规定："本法规定的行政处罚，由应急管理部门和其他负有安全生产监督管理职责的部门按照职责分工决定；其中，根据本法第九十五条、第一百一十条、第一百一十四条的规定应当给予民航、铁路、电力行业的生产经营单位及其主要负责人行政处罚的，也可以由主管的负有安全生产监督管理职责的部门进行处罚。予以关闭的行政处罚，由负有安全生产监督管理职责的部门报请县级以上人民政府按照国务院规定的权限决定；给予拘留的行政处罚，由公安机关依照治安管理处罚的规定决定。"在现有法律、法规规定下，国务院铁路行业主管部门以及铁路管理机构有行政处罚权，可以作为行政处罚的主体。

第三章

《铁路安全管理条例》《铁路交通事故应急救援和调查处理条例》重点条款解读

铁路安全管理工作涉及的法规很多，其中《铁路安全管理条例》（国务院令第 639 号）和《铁路交通事故应急救援和调查处理条例》（国务院令第 501 号）是与铁路运输安全结合最为紧密的条例，为确保铁路运输安全，提升铁路安全管理工作质量提供了法律保障。

一、《铁路安全管理条例》重点条款解读

（一）《铁路安全管理条例》的一般规定

1. 主要内容

《铁路安全管理条例》由 2013 年 7 月 24 日国务院第 18 次常务会议通过，2013 年 8 月 17 日第 639 号国务院令公布，自 2014 年 1 月 1 日起施行。《铁路安全管理条例》是对 2004 年《铁路运输安全保护条例》的全面修订，从《铁路运输安全保护条例》到《铁路安全管理条例》（以下简称 639 号《条例》），名称的变化意味着内容的扩大。639 号《条例》内容涵盖了铁路建设质量安全、铁路专用设备质量安全、铁路线路安全、铁路运营安全和法律责任等铁路安全生

产的主要领域和重要管理制度，是铁路安全管理的综合性法规。639 号《条例》自实施以来，全面推进了铁路安全管理的法治化，更好地保障了人民生命财产安全，促进了铁路科学、安全发展。

2. 修订背景

铁路是我国国民经济和社会发展的重要基础设施，国家高度重视铁路安全工作。早在 1989 年，国务院就制定公布了《铁路运输安全保护条例》，2004 年又对该条例进行了全面修订。但是，随着我国铁路建设和运营的快速发展，《铁路运输安全保护条例》已不能完全适应保障铁路安全的新形势、新要求，需要修改完善，主要表现在三个方面：一是铁路建设质量安全是保障铁路运输安全的基础，但《铁路运输安全保护条例》只是围绕着铁路运输安全进行规范，缺乏对铁路建设安全的规定，需要补充；二是高速铁路的发展对铁路安全提出了更高要求，需要在立法中作出有针对性的规定；三是根据铁路政企分开和国务院深入推进行政审批制度改革，需要对《铁路运输安全保护条例》中不适应改革要求的规定进行调整。

3. 适用范围

639 号《条例》是国务院出台的行政法规，适用范围为全国，即凡是中华人民共和国主权领土内的铁路安全管理工作，都适用 639 号《条例》规定。适用事项主要包括铁路建设质量安全管理、铁路专用设备质量安全管理、铁路线路安全管理和铁路运营安全管理。适用对象既包括机关、企事业单位以及其他组织，也包括公民个人。

4. 铁路安全管理的原则

639 号《条例》第二条规定，铁路安全管理坚持“安全第一、预防为主、综合治理”的方针。“安全第一、预防为主、综合治理”作为我国安全生产工作总的指导方针被纳入《安全生产法》，铁路安全生产工作应当遵守这一指导方针。坚持“安全第一”，就是要求在铁路生产经营活动中，始终把保证旅客、货主以及广大人民群众的生命财产安全放在第一位。“预防为主”，强调在安全生产活动中要防患于未然，将各种不安全因素消灭在萌芽状态。“综合治理”就是要充分调动各方面积极因素，运用经济手段、法律手段和必要的行政手段，发挥政府、企业、群众组织、有关单位和个人的积极性，共同维护铁路安全。

5. 安全生产主体责任

639 号《条例》第五条对从事铁路建设、运输、设备制造维修单位的安全生产主体责任作了明确规定。一是要求铁路建设、运输、设备制造维修单位加强铁路安全管理，建立健全安全生产管理制度，落实企业安全生产主体责任。二是要求铁路建设、运输、设备制造维修单位设置安全管理机构或者配备安全管理人员，作为落实各项安全生产制度和措施的重要组织保证。三是要求铁路建设、运输、设备制造维修单位执行保障生产安全和产品质量安全的国家标准和铁路行业标准，加强对从业人员的安全教育培训。四是铁路建设、运输、设备制造维修单位应当保证铁路运输安全所必需的资金投入，作为做好安全生产工作的重要物质基础和保障。没有必要的资金投入，无论怎样强调安全生产，也只能停留在口头上，无法真正落到实处。五是要求铁路建设、运输、设备制造维修单位的工作人员严格执行规章制度，实行标准化作业，保证铁路安全。这里的规章制度是一个广义的概念，既包括国家法律法规、部门规章及规范性文件，以及相关的国家标准、行业标准，也包括企业内部的规定、规则、办法、规程、标准等。这里的标准化作业，就是对在作业系统调查分析的基础上，将现行作业方法的每一操作程序和每一动作进行分解，以科学技术、规章制度和实践经验为依据，以安全、质量效益为目标，对作业过程进行改善，从而形成一种优化作业程序，逐步达到安全、准确、高效、省力的作业效果。严格执行规章制度和实行标准化作业是统一的，目标就是为了保证铁路安全。

（二）铁路建设质量安全

1. 铁路工程施工安全

（1）工程建设单位资质。639 号《条例》第九条规定：“从事铁路建设工程勘察、设计、施工、监理活动的单位应当依法取得相应资质，并在其资质等级许可的范围内从事铁路工程建设活动。”依据《建筑法》第十三条，从事建筑活动的建筑施工企业、勘察单位、设计单位和工程监理单位，按照其拥有的注册资本、专业技术人员、技术装备和已完成的建筑工程业绩等资质条件，划分为不同的资质等级，经资质审查合格，取得相应等级的资质证书后，方可在其资质等级许可范围内从事建筑活动。铁路建设工程质量直接影响铁路运输安全。为保证铁路工程质量，保证建设安全，做好投资控制，参与铁路建设的工程勘察、设计、施工、监理等单位必须依法取得相应资质，并在其资质等级许可范围内参与铁路建设工作。拟参与铁路建设的施工、勘察、设计和工程监理单位具备规定资质条件的，应按照程序申请资质，取得综合资质或铁路行业资质后方可参与铁路建设，并在其资质等级许可范围内从事铁路建设活动。

（2）铁路建设单位资质。639号《条例》第十条规定："铁路建设单位应当选择具备相应资质等级的勘察、设计、施工、监理单位进行工程建设，并对建设工程的质量安全进行监督检查，制作检查记录留存备查。"据此，建设单位应当履行以下义务：一是建设单位应按照《建筑法》、《招标投标法》及639号《条例》的规定，根据建设项目实际情况设定合理的资质等级要求，并通过招标择优选择符合资质要求、具备良好信用的参建单位。二是建设单位应在建设全过程中认真履行管理责任。建设单位承担着建设项目管理的主体责任，应当对工程的质量安全进行严格管理，加强对勘察、设计、施工、监理等工作的督促检查，如：根据勘察设计合同督促勘察设计企业提高勘察设计质量，做好现场配合工作，及时处理和解决好变更设计等工作；依据施工合同督促施工企业建立质量安全管理与保证体系、配备相应管理人员、建立健全管理制度、确保质量安全投入、落实质量安全措施；根据监理合同督促监理机构履行合同，投入足够监理力量和设备，严格执行监理规范，做好现场质量安全控制工作。还要通过不定期检查以及委托第三方试验检测等多种手段，对铁路工程施工现场工作实施监督。三是建设单位对铁路工程施工现场工作实施监督检查，应制作检查记录，并按照铁路工程资料管理和归档的规定留存备查。在实际工作中，建设单位检查多，记录、记载少，一些问题没有实行闭环管理，没有有效地履行建设单位的管理责任。639号《条例》明确检查记录的留存备查制度，对强化监管效果、落实建设单位责任具有重要意义。

（3）依法招标。639号《条例》第八条规定："铁路建设工程的勘察、设计、施工、监理以及建设物资、设备的采购，应当依法进行招标。"《招标投标法》第三条规定，在中华人民共和国境内进行下列工程建设项目，包括项目的勘察、设计、施工、监理以及与工程建设有关的重要设备、材料等的采购，必须进行招标：一是大型基础设施、公用事业等关系社会公共利益、公众安全的项目；二是全部或者部分使用国有资金投资或者国家融资的项目；三是使用国际组织或者外国政府贷款、援助资金的项目。

铁路是国家重要基础设施。铁路建设项目的资金来源，大多包含中央政府和地方政府的投资，相关的勘察、设计、施工、监理以及与工程建设有关的重要设备、材料等的采购，应当进行招标。639 号《条例》依照《招标投标法》的规定，重申铁路建设工程的勘察、设计、施工、监理以及建设物资设备的采购，都应当依法进行招标。这里所说的“依法”主要依据《招标投标法》和《招标投标法实施条例》等法律法规。同时铁路建设项目的招标工作，还应当遵守国家有关部门规章和铁路行业监管部门的规定。2018 年 8 月 27 日，交通运输部公布行政规章《铁路工程建设项目招标投标管理办法》（交通运输部令 2018 年第 13 号），自 2019 年 1 月 1 日起施行。

（4）安全设施“三同时”。639 号《条例》第十二条规定：“铁路建设工程的安全设施应当与主体工程同时设计、同时施工、同时投入使用。安全设施投资应当纳入建设项目概算。”铁路建设工程的安全设施，作为工程项目的一部分，应与主体工程同步设计、施工和验收。这主要是考虑到铁路建设工程项目完成后，如果安全设施不完善或根本没有配建安全设施，可能导致项目投产后不具备安全运输条件。因此，639 号《条例》要求铁路建设工程的安全设施，应当与主体工程同时设计、同时施工、同时投入使用。主要包括以下四个方面：一是铁路工程设计单位，在编制建设项目初步设计文件时，必须同时进行安全设施设计，保证安全设施设计符合有关规定和运输安全需要。二是铁路工程施工单位在组织施工时，必须同时施工安全设施工程，不得先施工完成主体工程并投产、后施工安全设施工程，或者有意减掉安全设施工程。三是项目投产或者主体工程投入使用时，必须同时投入使用安全设施工程。安全设施工程没有投入生产或者使用的，整个项目不得投产使用。四是安全设施投资必须纳入设计概算，并在可行性研究阶段和初步设计阶段予以解决。

（5）禁止压缩工期。639 号《条例》第十四条规定：“铁路建设工程的建设工期，应当根据工程地质条件、技术复杂程度等因素，按照国家标准、行业标准和技术规范合理确定、调整。任何单位和个人不得违反前款规定要求铁路建设、设计、施工单位压缩建设工期。”铁路建设工期、成本、质量、安全等是一个系统工程的不同要素，它们之间存在明显的相互影响关系。合理的建设工期，是保障工程质量安全的重要条件。639 号《条例》从我国铁路建设管理的实际出发，针对实践中急需解决的一些问题，对建设工期作了专门规定。明确了铁路建设工期一经确定，不得随意调整。确需调整工期的，应当按国家规定程序履行相关手续，调整内容要符合国家标准、行业标准和技术规范。任何单位和个人都不得违反规定擅自要求压缩建设工期。

（6）竣工验收及安全评估。639 号《条例》第十五条规定："铁路建设工程竣工，应当按照国家有关规定组织验收，并由铁路运输企业进行运营安全评估。经验收、评估合格，符合运营安全要求的，方可投入运营。" 竣工验收和运营安全评估是保证投入运营铁路安全的重要环节。竣工验收是在项目完成后，对设计、施工及生产准备工作必须进行检查验收，全面考核建设是否符合设计文件，工程质量是否符合质量标准，并由铁路运输企业对新建成或改建铁路的安全管理机构、规章制度、人员配备及培训、设备设施运用及养护维修、路外安全、治安防范、应急预案等运营准备工作进行全面安全评估。竣工验收和运营安全评估是保障铁路开通后运营安全的重要保障手段。实践中切忌未经验收便投入使用或边验收边使用。

2. 铁路营业线施工安全

639 号《条例》第十六条规定："在铁路线路及其邻近区域进行铁路建设工程施工，应当执行铁路营业线施工安全管理规定。铁路建设单位应当会同相关铁路运输企业和工程设计、施工单位制定安全施工方案，按照方案进行施工。施工完毕应当及时清理现场，不得影响铁路运营安全。"

铁路营业线施工是铁路建设和运输组织的重要组成部分，既要坚持确保运输畅通、安全，也要兼顾施工顺利推进，加强施工计划管理，加强施工组织和施工期间的运输组织，按计划、有组织地进行各项施工。针对我国铁路营业线施工较多、需要加强安全管理的实际，639 号《条例》一是强调遵守营业线施工安全管理规定；二是强调安全施工方案的执行，要求铁路建设单位会同相关铁路运输企业和工程设计、施工单位制定安全施工方案，按照方案进行施工；三是强调施工现场的清理，为了防止发生因施工现场清理不及时、不彻底，留下行车安全隐患或者引发事故的情况，把"施工完毕应当及时清理现场，不得影响铁路运营安全"作为保障铁路安全的强制性义务加以规定。

3. 立体交叉设置及费用

（1）立体交叉设置。立体交叉是铁路与道路不在同一水平面上相交，即修建立交桥、涵。这是避免铁路与道路互相干扰，防止铁路列车与其他车辆相撞的最好形式。随着列车速度的不断提高，给道口管理带来巨大的安全压力，原有的平交道口也需改为立体交叉形式。立体交叉的形式有上跨、下穿等，各种交叉形式的适用条件不尽相同，工程投资差别也很大，设计时应区别不同情况，根据铁路与道路的性质、等级、运输量、安全要求以及经济效益和社会效益等因素确定。639号《条例》第十七条从既能保证安全又现实可行的原则出发，针对不同情况，对立体交叉的设置条件分别做了规定：一是新建、改建设计开行时速120公里以上列车的铁路或者设计运输量达到国务院铁路行业监督管理部门规定的较大运输量标准的铁路，需要与道路交叉的，应当设置立体交叉设施。二是新建、改建高速公路、一级公路或者城市道路中的快速路，需要与铁路交叉的，应当设置立体交叉设施，并优先选择下穿铁路的方案。此外，对已建成的属于前两款规定情形的铁路、道路为平面交叉的，639号《条例》明确要求，应当逐步改造为立体交叉，主要是考虑到我国铁路平交道口较多是历史遗留的问题。随着经济的发展，道路上行驶的机动车数量大幅度增长，特别是在一级公路、二级公路、城市市区道路上，机动车速度较快，与铁路交叉的平交道口处，事故频率较高。要从根本上解决安全问题，还需设置立体交叉。

（2）立交费用分担。为了从根本上解决道口的安全问题，近年来铁路部门投入了大量的资金，对道口进行拆、并以及平交改立交，大幅度减少了道口，特别是提速线路的道口。在实践中，由于道口平改立的投资规模大，资金落实到位困难较多，影响了平改立的实施进度。设置立体交叉设施，也往往因资金分担问题上的推诿、扯皮，制约了工程建设。639号《条例》第十八条针对立交设置及平改立存在的问题，以建设的先后作为确定费用承担的一般原则，分三种情况作出了规定：一是新建、改建铁路与既有道路交叉的，由铁路方承担建设费用。二是新建、改建的道路与既有铁路交叉的，由道路方承担建设费用。在以上两种情况中，对超过既有建设标准的，由提出要求的单位承担超过部分的建设费用。三是同步建设的铁路和道路需要设置立体交叉设施的，以及既有铁路与道路平交道口改造为立体交叉的，由铁路方和道路方按照公平合理的原则分担建设费用。

（3）立交设施的移交、管理和维护。639号《条例》第十九条规定："铁路与道路立体交叉设施及其附属安全设施竣工验收合格后，应当按照国家有关规定移交有关单位管理、维护。"该规定包括四个层面的含义：一是明确移交的设施包括立体交叉设施及其附属安全设施；二是移交的设施必须经竣工验收合格，未经竣工验收合格，不得移交；三是应当按照国家相关规定移交；四是移交有关单位后，有关单位要负责管理、维护。由此明确了公铁立交设施及其附属安全设施移交后的管理与维护责任。

4. 专用铁路、铁路专用线接轨的安全管理

专用铁路是指由企业或者其他单位管理，专为本企业或单位内部提供运输服务的铁路。铁路专用线是指由企业或者其他单位管理的与国家铁路或者其他铁路线路接轨的岔线。专用铁路和铁路专用线一般由企业或其他单位修建，主要为内部服务之用。专用铁路一般都自备动力、自备运输工具，形成一套较为完备的运输生产体系。铁路专用线的配套相对简单，其运输动力使用的是与其相接轨的铁路的动力。原专用铁路、铁路专用线与国家公用铁路网接轨，需要由铁路部门行政许可。2013 年 5 月，《国务院关于取消和下放一批行政审批项目等事项的决定》（国发〔2013〕19 号）明确取消了“企业专用线与国铁接轨审批”。639 号《条例》第二十条规定了专用铁路、铁路专用线与公用铁路网接轨应当满足的基本要求，即应当符合国家有关铁路建设、运输安全管理规定，包括工程质量安全、竣工验收、运输安全管理等方面的规定，以及国家有关部门、铁路行业监督管理部门制定的安全管理相关规定。

（三）铁路专用设备质量安全

1. 铁路专用设备

广义的铁路专用设备，包括铁路机车车辆、供电设备、工务设备、通信信号设备、客货运输设备、安全监控设备、养护维修设备等。639 号《条例》所指铁路专用设备具体包括铁路机车车辆、铁路道岔及其转辙设备、铁路信号控制软件和控制设备、铁路通信设备、铁路牵引供电设备、铁路运输安全监测、监控、防护设施设备，铁路集装箱和集装化用具等运输器具，专用装卸机械、索具、篷布、装载加固材料或者装置，用于危险化学品或者放射物品运输的铁路罐车、专用车辆及其他容器等。

铁路专用设备质量安全是铁路安全的重要组成部分，是铁路运营安全的基础。639 号《条例》规定了铁路专用设备的行政许可制度、认证制度、相关标准要求以及缺陷产品召回制度。通过制度管控，确保上路使用的铁路专用设备安全。

2. 铁路专用设备的行政许可

639号《条例》共设定了三项行政许可事项，其中两项涉及铁路专用设备。

（1）铁路机车车辆设计、生产、维修、进口许可制度。639号《条例》第二十一条第一款规定：“设计、制造、维修或者进口新型铁路机车车辆，应当符合国家标准、行业标准，并分别向国务院铁路行业监督管理部门申请领取型号合格证、制造许可证、维修许可证或者进口许可证，具体办法由国务院铁路行业监督管理部门制定。”2013年，交通运输部发布《铁路机车车辆设计制造维修进口许可办法》（交通运输部令2013年第13号），后于2019年进行了修改（交通运输部令2019年第3号《交通运输部关于修改〈铁路机车车辆设计制造维修进口许可办法〉的决定》），自2019年3月5日起施行。修改后的内容包括：型号合格证有效期为长期；制造、进口许可证有效期为5年；维修许可证有效期按不同型号产品分为5年、8年、10年等。

（2）铁路基础设施重要产品生产企业资格许可制度。639号《条例》第二十二条规定：“生产铁路道岔及其转辙设备、铁路信号控制软件和控制设备、铁路通信设备、铁路牵引供电设备的企业，应当符合下列条件并经国务院铁路行业监督管理部门依法审查批准：（一）有按照国家标准、行业标准检测、检验合格的专业生产设备；（二）有相应的专业技术人员；（三）有完善的产品质量保证体系和安全管理制度；（四）法律、行政法规规定的其他条件。”2013年，交通运输部发布《铁路运输基础设备生产企业审批办法》（交通运输部令2013年第21号）；2018年10月15日，国家铁路局印发《国家铁路局关于印发〈铁路运输基础设备生产企业审批实施细则〉的通知》（国铁设备监〔2018〕80号）。

铁路专用设备质量安全直接关系公共安全和人民的生命财产安全。对铁路专用设备及其基础设施重要产品生产企业实行行政许可制度，符合社会公众利益。

3. 铁路专用设备的产品认证

产品认证是指由具备法定资质的认证机构证明产品符合相关技术规范、相关技术规范的强制性要求或者标准的合格评定活动。639号《条例》第二十三条规定：“铁路机车车辆以外的直接影响铁路运输安全的铁路专用设备，依法应当进行产品认证的，经认证合格方可出厂、销售、进口、使用。”本条包括以下三方面的含义：一是实行产品认证制度管理的铁路专用设备不包括铁路机车车辆。依据 639 号《条例》第二十一条规定，铁路机车车辆的设计、制造、维修或者进口，应当向国务院铁路行业监督管理部门申请行政许可。二是机车车辆以外的直接影响铁路运输安全的铁路专用设备，依《产品质量法》和《中华人民共和国认证认可条例》（国务院令第 390 号）的规定，实行产品认证管理，采取强制性产品认证与自愿性产品认证相结合的方式。三是依法应当进行产品认证的，须经认证后方可在铁路领域使用。未依法进行认证或者经认证不合格的产品，不得出厂、销售、进口和使用。产品的生产制造商以及销售、进口产品和使用产品的一方都应当严格遵守规定。

4. 铁路缺陷产品的召回

产品召回是指产品的生产者、销售者依照法定程序，对其生产或者销售的缺陷产品以换货、退货、修理、更换零部件等方式，及时消除缺陷产品危害、使之符合相关标准的行为。产品召回制度，是基于风险管理理论，在传统的补偿性法律责任和惩罚性法律责任之外，确立的预防性法律责任，其肇始于美国汽车业。20 世纪中叶，汽车工业发展迅猛，汽车消费在美国逐渐普及，汽车安全事故及其人身伤亡日趋严重。在消费者组织等社会力量的推动下，美国国会于 1966 年通过了《国家交通及机动车安全法》，规定了产品召回制度。此后，食品、医疗等领域的产品召回制度相继建立，并扩展到其他国家。召回制度作为对传统法律责任体系的充实和深化，在保护消费者权益、保障社会公共秩序、维护公众生命健康安全等方面，发挥着重要作用。

639 号《条例》第二十六条对铁路缺陷产品召回做了规定："铁路机车车辆以及其他铁路专用设备存在缺陷，即由于设计、制造、标识等原因导致同一批次、型号或者类别的铁路专用设备普遍存在不符合保障人身、财产安全的国家标准、行业标准的情形或者其他危及人身、财产安全的不合理危险的，应当立即停止生产、销售、进口、使用；设备制造者应当召回缺陷产品，采取措施消除缺陷。具体办法由国务院铁路行业监督管理部门制定。"

铁路机车车辆以及其他铁路专用设备的状态，对铁路运营安全有重大影响。倘有缺陷，若不及时消除，将危及铁路安全。639 号《条例》第二十六条主要包含以下三个方面的含义：一是对召回的适用，即如何界定"需召回的缺陷产品"。在实践中，缺陷产品产生的原因多种多样，有些是由于设计不当，有些是由于品质控制不够严格，有些是在运输过程中遭到损坏。一般而言，只有共性缺陷方适用召回制度。按照本条的规定，“由于设计、制造、标识等原因导致同一批次、型号或者类别的铁路专用设备普遍存在不符合保障人身、财产安全的国家标准、行业标准的情形或者其他危及人身、财产安全的不合理危险的”铁路机车车辆及其他铁路专用设备，适用召回制度。其中，既强调了导致产品缺陷的原因（设计、制造、标识等），也强调了缺陷产品的范围（同一批次、型号或者类别的产品，存在普遍性的危险），还强调了缺陷产品可能导致的后果（不符合保障安全的相关标准或者危及人身、财产安全）。二是对召回设备及其主体的要求。639 号《条例》规定，铁路机车车辆以及其他铁路专用设备存在缺陷，符合召回条件的，应当立即停止生产、销售、进口、使用；设备制造商应当立即召回缺陷产品，同时采取相应措施消除缺陷。三是对召回具体办法作出的授权性规定。在铁路专用设备领域实行召回制度是一项创新，没有现成的规则。铁路专用设备种类繁多、特性各异，需要根据实际情况研究确定缺陷产品召回及消除缺陷的具体方式。因此，639 号《条例》授权国务院铁路行业监督管理部门制定召回具体办法。交通运输部发布了《铁路专用设备缺陷产品召回管理办法》（交通运输部令 2015 年第 23 号），2016 年 1 月 1 日施行；又于 2018 年修正（交通运输部令 2018 年第 18 号《交通运输部关于修改〈铁路专用设备缺陷产品召回管理办法〉的决定》），自 2018 年 10 月 1 日起实施。

5. 铁路设施设备性能安全

铁路设施设备是铁路运输生产的物质基础，其技术状态和质量状态的好坏直接影响并制约生产效率和安全生产。由于铁路运输具有线路联网、设备联动、作业联劳的特点，大多数情况下企业间需要联合协作、共同完成运输生产过程，铁路设施设备连续运转、有形损耗较重、对设备监控的难度大、故障处理时间紧，铁路运输企业必须加强日常的检查维护和使用管理，使设备始终处于质量良好的状态，才能保证安全生产。639 号《条例》第六十条对此作了专门规定：“铁路运输企业应当建立健全铁路设施设备的检查防护制度，加强对铁路设施设备的日常维护检修，确保铁路设施设备性能完好和安全运行。铁路运输企业的从业人员应当按照操作规程使用、管理铁路设施设备。”该规定主要包括以下三个方面的内容：一是铁路运输企业应当建立健全并严格执行铁路设施设备的安全管理和检查防护的规章制度，这是 639 号《条例》赋予铁路运输企业的职责和义务，也是落实铁路设施设备维护管理责任的依据。二是加强设施设备的检测、维修，不符合安全要求的应当及时更换。要坚持预防为主、检修与保养并重、预防与整治相结合的原则，合理确定维修周期，均衡等强地提高线路整体质量和安全性能。三是铁路运输企业的从业人员要严格执行操作规程使用、管理铁路设施设备，具体包括正确合理地使用设施设备，提高操作技术和保养水平，防止超负荷、超范围、超性能地使用设备，使设备质量可靠稳定。

6. 其他铁路专用设备的安全管理

（1）运输危险化学品和放射性物品的铁路车辆和其他容器的安全管理。639 号《条例》第二十四条规定："用于危险化学品和放射性物品运输的铁路罐车、专用车辆及其他容器的生产和检测、检验，依照有关法律、行政法规的规定执行。"危险化学品，是指具有毒害、腐蚀、爆炸、燃烧、助燃等性质，对人体、设施、环境具有危害的剧毒化学品和其他化学品。危险化学品目录，由国务院安全生产监督管理部门会同国务院工业和信息化、公安、环境保护、卫生、质量监督检验检疫、交通运输、铁路、民用航空、农业主管或监管部门，根据化学品危险特性的鉴别和分类标准确定、公布，并适时调整。放射性物品，是指含有放射性元素，并且其活度和比活度均高于国家规定的豁免值的物品。

危险化学品和放射性物品，很多都是工业生产中不可或缺、无可替代的重要原材料或者添加剂、催化剂，但若发生安全事故，因其天然的危险属性，又会严重危害公众生命财产安全、污染生态环境。鉴于危险化学品和放射性物品的特殊性，对其生产储存、经营使用、包装运输等，国家制定了专门的法律法规加以规定，如《危险化学品安全管理条例》《放射性物品运输安全管理条例》等。《条例》对危险化学品和放射性物品运输的铁路罐车、专用车辆及其他容器的生产和检测、检验，做了指引性规定，即依照上述有关法律、行政法规的规定执行。

（2）铁路专用设备、器材、器具、装置以及运输包装、装载加固的安全管理。639 号《条例》第二十五条规定："用于铁路运输的安全检测、监控、防护设施设备，集装箱和集装化用具等运输器具，专用装卸机械、索具、篷布、装载加固材料或者装置，以及运输包装、货物装载加固等，应当符合国家标准、行业标准和技术规范。"用于铁路运输的安全检测、监控、防护设施设备，主要包括高速铁路沿线设置的雨、雪、大风、地震、异物侵限等监测系统，铁路车辆轴温智能探测系统、车辆故障轨边图像监测系统、车辆运行品质轨边动态监测系统、车辆滚动轴承故障轨边声学诊断系统、客车运行安全监控系统等车辆安全防范系统，货运超、偏载监控系统，列车尾部安全防护装置，限高防护架，道口移动栏杆、列车接近报警装置、警示灯，封闭设施，以及法律、行政法规规定适用本条例的其他铁路安全设施设备。集装化用具是指将货物组装成集装货件的容器或器具，常见的集装化用具有集装袋、集装架、集装网等。专用装卸机械主要是指为铁路货运进行装卸作业所使用的物料搬运机械，如装载机、卸车机等。索具主要是指为了实现物体挪移系结在起重机械与被起重物体之间的受力工具，以及为了稳定空间结构的受力构件，如安全钩、衔接双环扣等。篷布是指铁路货车的辅助用具，用于苫盖敞车装运的怕湿和易燃货物，以及其他需要苫盖篷布运输的货物；装载加固材料或者装置，是指铁路运输中用于装载和加固货物，保证货物合理装载和在运输全过程中始终保持货物在车辆上的初始装载位置不发生变化的材料或者装置。常见的装载加固材料主要有镀锌铁线、钢丝绳、支柱、垫木、三角挡等；常见的装载加固装置主要有货物转向架、车钩缓冲停止器、钢支架、钢座架等。运输包装是以运输储存为主要目的的包装，它具有保障产品安全、方便储运装卸的特点，铁路运输包装应能满足铁路货物运输安全条件的要求。货物装载加固是指根据货物自身特性和规格，将其科学合理地放置在适当的货车上(内)，对运输过程中可能发生位置变化的货物，采用捆绑、衬垫、掩挡等措施加以约束，使其保持与货车的相对位置。

（四）铁路线路安全

1. 铁路线路及安全保护区

（1）铁路线路、铁路线路安全保护区。铁路线路作为铁路基础设施，是保障铁路安全和畅通最基本的前提条件。对铁路线路，有狭义和广义的两种解释。狭义的铁路线路，是指铁路钢轨道床、路基、边坡、侧沟及其他排水设备、防护设备等。广义的铁路线路，既包括铁路钢轨道床、路基、边坡、侧沟及其他排水设备、防护设备等，也包括铁路桥梁、隧道、场站等。639 号《条例》里的铁路线路是广义的概念。

铁路线路安全保护区，是指为防止外来因素对铁路列车运行的干扰，减少铁路运输安全隐患，保护国家的重要基础设施，在铁路沿线两侧一定范围内对影响铁路运输安全的行为进行限制而设置的特定区域。铁路线路安全保护区不涉及土地权属问题，只是为了保障铁路运输安全而设的一个特定区域。在此区域内，禁止从事危及铁路运输安全的行为，但并不改变用地的权属关系。

（2）铁路线路安全保护区与铁路用地的关系。铁路线路安全保护区是为了保障铁路运输安全而设的一个特定区域。在此区域内，禁止从事危及铁路运输安全的行为，但并不改变用地的权属关系。铁路用地的取得有两种方式，一种是依据《土地管理法》，通过划拨方式取得的铁路建设用地，另一种是以出让等有偿使用方式取得的铁路用地。以这两种方式取得的铁路用地，均具有产权属性。在实际划界时，铁路线路安全保护区的边界与铁路用地的边界可能出现不一致的情况。铁路用地边界可能大于铁路线路安全保护区边界，也可能等于或小于铁路线路安全保护区边界。铁路用地边界大于铁路线路安全保护区边界的，铁路线路安全保护区在铁路用地地界之内；反之，铁路线路安全保护区可能超出铁路用地地界。但无论是在铁路用地地界内还是地界外，639 号《条例》所列的禁止性规定都同样适用。

（3）铁路线路安全保护区的范围。639 号《条例》第二十七条从运输实际出发，对铁路线路安全保护区的范围作了四种不同情况的规定，即“铁路线路安全保护区的范围，从铁路线路路堤坡脚、路堑坡顶或者铁路桥梁（含铁路、道路两用桥，下同）外侧起向外的距离分别为：（一）城市市区高速铁路为 10 米，其他铁路为 8 米；（二）城市郊区居民居住区高速铁路为 12 米，其他铁路为 10 米；（三）村镇居民居住区高速铁路为 15 米，其他铁路为 12 米；（四）其他地区高速铁路为 20 米，其他铁路为 15 米”。其中，路堤坡脚是指路基边坡与地面相接的部分，路堑坡顶是指路堑坡坡面与地面相接的部分。同时，还考虑到在特殊路段、特殊情况下，上述距离不能满足铁路运输安全保护的需要，需要适当扩大铁路线路安全保护区范围的情况，规定：“前款规定距离不能满足铁路运输安全保护需要的，由铁路建设单位或者铁路运输企业提出方案，铁路监督管理机构或者县级以上地方人民政府依照本条第三款规定程序划定。”

2. 铁路建筑限界

铁路建筑限界，是指一个和铁路线路中心线垂直的极限横断面轮廓。在此轮廓内，除机车车辆和与机车车辆有直接相互作用的设备外，其他设备或建筑物、构筑物均不得侵入。铁路限界尺寸一经规定不得随意缩小，缩小限界或者其他物体进入限界都可能危及列车运行安全，导致行车事故的发生。对铁路建筑限界的管理，是铁路运输安全管理的重要组成部分。639 号《条例》第三十二条规定："在铁路线路安全保护区及其邻近区域建造或者设置的建筑物、构筑物、设备等，不得进入国家规定的铁路建筑限界。"过去曾因进入建筑限界发生过行车事故。对这种直接危害铁路运输安全的行为，应当予以制止，否则有可能造成车毁人亡的行车事故。

3. 铁路线路两侧的安全管理

（1）铁路线路两侧建造、设立危险物品作业场所的规定。639 号《条例》第三十三条明确规定："在铁路线路两侧建造、设立生产、加工、储存或者销售易燃、易爆或者放射性物品等危险物品的场所、仓库，应当符合国家标准、行业标准规定的安全防护距离。"铁路线路通畅是铁路运营的基本要求，铁路线路安全是铁路运输安全的基本保障。在铁路线路两侧，分布着各类铁路设施及铁路车站，这些铁路设施和车站的周围往往是人群密集或货物集中的地方。如果易燃、易爆物品或放射性物品等危险物品距离铁路线路、铁路设施或铁路车站过近，一旦发生事故，将会造成旅客和社会公众重大伤亡，后果不堪设想。639 号《条例》对原《铁路运输安全保护条例》的相关条款进行了调整，不再设定 200 米的绝对禁止范围，而是规定危险物品的作业场所"应当符合国家标准规定的安全防护距离要求"。国家标准、行业标准对于危险物品作业场所和铁路安全防护距离的规定，是基于危险物品作业场所的规模，规定相应的基数和防护等级系数，较之原《铁路运输安全保护条例》的规定有所调整。通过对长期生产经验的总结，按照国家标准、行业标准，经过严格的制定程序、科学论证，最终确定危险物品作业场所与铁路线路的安全防护距离，不仅能够满足安全需要，还具有较强的针对性和可操作性。

（2）铁路线路两侧从事采矿、采石及爆破作业的规定。639 号《条例》第三十四条明确规定："在铁路线路两侧从事采矿、采石或者爆破作业，应当遵守有关采矿和民用爆破的法律法规，符合国家标准、行业标准和铁路安全保护要求。在铁路线路路堤坡脚、路堑坡顶、铁路桥梁外侧起向外各 1 000 米范围内，以及在铁路隧道上方中心线两侧各 1 000 米范围内，确需从事露天采矿、采石或者爆破作业的，应当与铁路运输企业协商一致，依照有关法律法规的规定报县级以上地方人民政府有关部门批准，采取安全防护措施后方可进行。"长期以来，部分单位和个人在采矿、采石及爆破作业中，不考虑施工范围、施工时间、开采程度以及爆破的强度，随意开采、任意爆破，对铁路设施设备造成了巨大损害，严重威胁铁路线路安全和行车安全，因采矿、采石及爆破作业导致的铁路交通事故时有发生。639 号《条例》明确了在铁路线路路堤坡脚、路堑坡顶、铁路桥梁外侧起向外各 1 000 米范围内，以及在铁路隧道上方中心线两侧各 1 000 米范围内，确需从事露天采矿、采石或者爆破作业的，应当与铁路运输企业协商一致，依照有关法律法规的规定报县级以上地方人民政府有关部门批准，采取安全防护措施后方可进行。之所以规定与铁路运输企业协商一致，主要是为了强化铁路运输企业的安全主体责任。因为在铁路线附近进行露天采矿、采石或者爆破作业，不仅直接影响铁路线路安全和行车安全，也有可能影响铁路通信信号或电气化铁路接触网的运用质量，如果不与铁路运输企业协商并达成一致，共同采取安全防护措施，就可能干扰正常的运输调度指挥，甚至可能导致行车中断、列车倾覆等重大事故。

（3）高速铁路两侧禁采或限采地下水的规定。639 号《条例》第三十五条规定："高速铁路线路路堤坡脚、路堑坡顶或者铁路桥梁外侧起向外各 200 米范围内禁止抽取地下水。在前款规定范围外，高速铁路线路经过的区域属于地面沉降区域，抽取地下水危及高速铁路安全的，应当设置地下水禁止开采区或者限制开采区，具体范围由铁路监督管理机构会同县级以上地方人民政府水行政主管部门提出方案，报省、自治区、直辖市人民政府批准并公告。" 该条设定了高速铁路线路两侧禁采或限采地下水的制度，规定了禁、限范围和禁、限行为。高速铁路对路基稳定性要求极高。如果不设定禁采或限采地下水的制度，在高速铁路路基附近随意采水，极易造成地下空洞区，严重威胁高速铁路安全。

（4）电气化铁路附近超标排放粉尘、烟尘和腐蚀性气体的规定。电气化铁路，是指由电力牵引供电系统提供原动力，供电力机车或者动车组这两种铁路列车运行的铁路。电气化铁路接触网是其动力传导系统，对环境质量、特别是大气质量有一定的要求。639 号《条例》第三十六条规定了以下三个方面的前提条件：一是将管理的对象界定为在电气化铁路附近从事排放粉尘、烟尘及腐蚀性气体的生产活动。例如，工业企业的排放行为，农民焚烧秸秆的行为，都属于生产活动。这里的"附近"没有具体的距离标准，因为大气污染有其特殊性，在不同的气候条件下，污染范围差异很大。限定严格的距离标准容易产生管理上的真空地带，不利于对电气化铁路线路的保护。二是排放粉尘、烟尘及腐蚀性气体的行为超过了国家规定的排放标准。国家相关部门制定的排放标准，是经过科学论证、广泛调研的，在制定的过程中，就征求了各方面意见、考虑到对周边各类设施设备的影响。因此，只要符合国家规定的排放标准，一般不会对电气化铁路产生较大的影响。此处“国家规定的排放标准”既包括国家标准，也包括行业标准和政府部门制定的相关文件。三是超标排放行为确实危及了铁路运输安全，即通过对大气质量的影响，干扰了电气化铁路接触网的正常运行，影响了动力或信号传输。

对符合上述三项条件的，639 号《条例》规定，由县级以上地方人民政府有关部门依法责令其整改，消除安全隐患。这里的“有关部门”，主要是指县级以上地方人民政府的环境保护行政主管部门。这里的“依法”，主要是依照环境保护方面相关的法律法规。如《中华人民共和国大气污染防治法》第十三条规定：“向大气排放污染物的，其污染物排放浓度不得超过国家和地方规定的排放标准。”第四十八条规定：“违反本法规定，向大气排放污染物超过国家和地方规定排放标准的，应当限期治理，并由所在地县级以上地方人民政府环境保护行政主管部门处一万元以上十万元以下罚款。限期治理的决定权限和违反限期治理要求的行政处罚由国务院规定。”639 号《条例》在规定由县级以上地方人民政府有关部门依法“责令其整改”的基础上，考虑到铁路运输长期性、持续性、稳定性的特点，还提出了“消除安全隐患”的要求。这里的“消除安全隐患”既包括消除已经发生的危害铁路运输安全的排放行为，也包括消除将来还有可能危及铁路运输的设备隐患、制度隐患、管理隐患等。只有这样，才能从根本上杜绝超标排放粉尘、烟尘及腐蚀性气体的生产活动对铁路运输安全的危害。

4. 铁路桥梁安全管理

（1）禁止危害铁路桥梁安全行为的规定。铁路桥梁是铁路线路的重要组成部分，重要的桥梁是铁路运输的咽喉要道，对保证铁路大动脉的畅通有着极为重要的意义。在铁路桥梁跨越处河道上下游一定范围内擅自围垦造田、拦河筑坝、架设浮桥或者修建其他影响铁路桥梁安全的设施，有可能引起河流的流量、流速变化，造成桥梁地基的下沉、河床的移动，严重危及铁路桥梁的安全。因此，639 号《条例》第三十七条针对铁路运输安全存在的这类突出问题，作出了禁止性规定：“任何单位和个人不得擅自在铁路桥梁跨越处河道上下游各

1 000 米范围内围垦造田、拦河筑坝、架设浮桥或者修建其他影响铁路桥梁安全的设施。因特殊原因确需在前款规定的范围内进行围垦造田、拦河筑坝、架设浮桥等活动的，应当进行安全论证，负责审批的机关在审批前应当征求有关铁路运输企业的意见。”

（2）禁止在铁路桥梁跨越的河道上下游一定范围内采砂、淘金的规定。随着我国市场经济的迅速发展和人民生活水平的日益提高，对建筑材料和贵金属的需求量越来越大，一些单位和个人受经济利益的驱使，在河道内乱采滥挖河砂、肆意淘金，致使河床河道受到了极大的破坏，危及铁路桥梁安全。为此，639 号《条例》第三十八条规定，桥长 500 米以上的铁路桥梁，上游 500 米、下游 3 000 米范围内禁止采砂淘金；桥长 100 米以上、500 米以下的铁路桥梁，上游 500 米、下游 2 000 米范围内禁止采砂淘金；桥长 100 米以下的铁路桥梁，上游 500 米、下游 1 000 米范围内禁止采砂淘金。

由于各个桥梁以及各条河流的特点具有较大差异，特别是随着经济建设进一步发展和自然环境的改变，任意采砂、淘金行为，不仅对铁路桥梁有破坏作用，还会产生其他负面效应。因此，相关法律法规也对采砂、淘金行为作出了一些限制。如《中华人民共和国水法》第三十九条规定：“在河道管理范围内采砂，影响河势稳定或者危及堤防安全的，有关县级以上人民政府水行政主管部门应当划定禁采区和规定禁采期，并予以公告。”639 号《条例》对有关部门依据其他法律法规规定划定的禁采范围大于前款规定的情况，予以认可。这里的有关部门，主要是指水行政主管部门、国土资源主管部门。

（3）在铁路桥梁跨越处河道上下游进行疏浚作业的规定。疏浚，是指采用人力、水利或机械方法，为拓宽、加深水域而进行的水下土石方开挖工程。疏浚的主要目的是挖深河流或海湾的浅段，以提高航道通航或排洪能力。由于河道疏浚也有可能改变河床，影响桥基，影响铁路桥梁安全，本着既不耽误河道疏浚，又能确保铁路桥梁安全的原则，639 号《条例》第三十九条对在铁路桥梁跨越的河道上下游 500 米范围内进行的疏浚作业作出若干限制性规定：一是进行疏浚作业，应当进行安全技术评价，作出科学的安全评价结论，为下一步工作奠定基础。二是有关河道、航道管理部门应当征求铁路运输企业的意见。639 号《条例》明确了批准的主体是河道、航道管理部门，但是，上述部门不能径自作出批准或者不予批准的决定，而是应当征求铁路运输企业的意见。这是因为铁路运输企业直接了解铁路桥梁及其跨越的河流的实际情况，能够全面掌握铁路桥梁的技术特性、安全状况和保护要求，征求其意见，有利于正确判断疏浚作业对铁路桥梁安全的影响，同时也体现了落实铁路运输企业安全生产主体责任的要求。三是要确认安全或者采取安全技术措施。如果安全评估后认为不影响铁路桥梁安全的，应当在疏浚前进一步确认；如果安全评估后认为可能影响铁路桥梁安全的，应当在疏浚前确认其采取了安全技术措施。上述条件都具备后，有关河道、航道管理部门方可批准进行疏浚作业。

（4）船舶通过铁路桥梁的通行规则。639 号《条例》第四十二条第一款规定："船舶通过铁路桥梁应当符合桥梁的通航净空高度并遵守航行规则。"桥梁的通航净空高度，是指代表船型的船舶或船队安全通过桥孔的最小高度，其起算面为设计最高通航水位。通航净空高度数值为代表船型空载水线以上至最高固定点高度与富余高度之和。符合桥梁的通航净空高度，是船舶安全通过桥梁的基本条件；倘若不然，一旦船舶与铁路桥梁发生剐蹭与碰撞，势必会影响铁路线路畅通和铁路运输安全。故 639 号《条例》强调船舶通过铁路桥梁应当符合桥梁的通航净空高度。不仅如此，船舶通过铁路桥梁时，还应当按照规定的航道标志行驶，并符合规定限高、限载、限宽等要求。

5. 铁路线路安全防护设施和警示标志

（1）设置防止车辆以及其他物体进入、坠入铁路线路安全防护设施和警示标志。639 号《条例》第四十四条规定："铁路线路安全保护区内的道路和铁路线路路堑上的道路、跨越铁路线路的道路桥梁，应当按照国家有关规定设置防止车辆以及其他物体进入、坠入铁路线路的安全防护设施和警示标志，并由道路管理部门或者道路经营企业进行维护、管理。"这样规定，主要是由于在铁路线路安全保护区范围内，存在着一部分既有道路。这些道路的存在是由于历史原因造成的，如果全面拆除，成本将会很高，执行起来很不现实；但是，如果不对这一区域内的道路加以管理、设置安全防护设施和警示标志，车辆或者其他物体又有可能通过道路侵入铁路线路，诱发安全事故，存在严重的安全隐患。此外，由于交通的迅速发展，跨越铁路线路的道路桥梁大量存在；因为没有防护设施、警示标志，或者维护管理不到位，车辆及其他物体冲出桥梁，坠入铁路线路与列车相撞的事故屡有发生，严重危及铁路运输安全。对此，639 号《条例》作出特殊规定，加以管理。

（2）设置警示、保护标志的地点。639 号《条例》第五十条规定："在下列地点，铁路运输企业应当按照国家标准、行业标准设置易于识别的警示、保护标志：（一）铁路桥梁、隧道的两端；（二）铁路信号、通信光（电）缆的埋设、铺设地点；（三）电气化铁路接触网、自动闭塞供电线路和电力贯通线路等电力设施附近易发生危险的地方。"在铁路重要设施设备附近设置易于识别的警示、保护标志，一是为了强调该铁路设施设备对于铁路运输安全的重要性，防止有人破坏铁路重要设施设备；二是为了避免群众接近危险地点，保护人民群众的生命财产安全。639 号《条例》规定设置易于识别的警示、保护标志处，都具有一定的特殊性，具体而言，铁路桥梁、隧道是铁路运输的咽喉要道，一般禁止行人、车辆、牲畜通行；铁路信号、通信光（电）缆是铁路运输的中枢神经，一旦遭到破坏，可能影响运输调度指挥和行车安全；电气化铁路接触网、自动闭塞供电线路和电力贯通线路等电力设施附近十分容易发生危险，禁止人员直接或间接地（通过任何物件，如棒条、导线、水流等）与接触网的各导线及其相连部件接触。因此，为了防止群众接近这些危险地点，铁路运输企业必须设立危险警示标志，告知群众这些地点的危险性。

6. 保护铁路线路安全的禁止性规定

（1）禁止危及铁路通信、信号设施安全。639 号《条例》第五十二条规定："禁止实施下列危及铁路通信、信号设施安全的行为：（一）在埋有地下光（电）缆设施的地面上方进行钻探，堆放重物、垃圾，焚烧物品，倾倒腐蚀性物质；（二）在地下光（电）缆两侧各 1 米的范围内建造、搭建建筑物、构筑物等设施；（三）在地下光（电）缆两侧各 1 米的范围内挖砂、取土；（四）在过河光（电）缆两侧各 100 米的范围内挖砂、抛锚或者进行其他危及光（电）缆安全的作业。"639 号《条例》作这样的规定，主要出于以下考虑：一是在埋有地下光（电）缆设施的地面上方钻探、堆放重物、垃圾，焚烧物品，倾倒腐蚀性物品都可能对埋设的光（电）缆造成不同程度的损坏。钻探可能造成光（电）缆的破损、断线；堆放重物可能将光（电）缆挤压损坏；垃圾和其他腐蚀性物品将会导致光（电）缆包装的腐化；焚烧物品将会使光（电）缆的外包装融化，导致短路。为了铁路通信、信号设备的正常运转，确保铁路运输安全，必须禁止上述有损铁路光（电）缆的行为。二是建造、搭建建筑物、构筑物往往伴随着开挖、钻探等行为，建筑物、构筑物本身也会挤压损坏光（电）缆。鉴于光（电）

缆有的埋设在铁路线路安全保护区内，有的埋设在铁路线路安全保护区外，因此，为了防止对铁路线路安全保护区范围外埋设的地下光（电）缆的破坏，639 号《条例》规定在地下光（电）缆两侧各 1 米的范围内禁止建造、搭建建筑物、构筑物。三是挖砂、取土不仅对铁路线路可能造成危害，也有可能造成光（电）缆的裸露、切断等不同程度的破坏，严重影响正常通信。因此，639 号《条例》规定在地下光（电）缆两侧各 1 米 的范围内禁止挖砂、取土。四是在铺设铁路光（电）缆的河道挖砂、抛锚等行为，可能对过河光（电）缆造成破坏。有的铁路通信、信号的光（电）电缆需要跨越或穿越河流，为了保证这些光（电）缆不受挖砂、抛锚等行为的破坏，639 号《条例》设置了一个合理的范围，对可能危及铁路通信、信号的行为进行了限制，即禁止在设有过河光（电）缆标志两侧各 100 米内进行挖砂、抛锚及其他危及光（电）缆安全的作业。

（2）禁止危害电气化铁路设施。639 号《条例》第五十三条明令禁止以下危害电气化铁路设施的行为：一是向电气化铁路接触网抛掷物品。近年来，铁路沿线抛掷石头、铁块砸坏接触网，中断铁路行车的行为时有发生，给铁路运输造成了巨大损失。因此，对这种向电气化铁路接触网抛掷物品的行为应当坚决予以制止。二是在铁路电力线路导线两侧各 500 米的范围内升放风筝、气球等低空漂浮物体。由于铁路电力线路的电压属于高压电流，在铁路电力线路导线两侧各 500 米的区域内升放风筝、气球等低空漂浮物体，很容易与这些高压电线接触。在不做防护的情况下，一旦接近将会受到严重创伤，造成人员伤亡。不仅如此，升放风筝、气球等低空漂浮物体的行为，还有可能破坏铁路电力线路设施，造成供电中断，影响铁路正常运输。三是攀登铁路电力线路杆塔或者在杆塔上架设、安装其他设施设备。在攀登杆塔或者在杆塔上架设、安装其他设施设备的行为中，行为人距离铁路电力线路近，容易受到电击，引发伤亡；此外，这类行为以及架设、安装的设施设备可能对电气化铁路设施造成干扰甚至是破坏，影响行车安全。因此，对这种行为须予以禁止。四是在铁路电力线路杆塔、拉线周围 20 米范围内取土、打桩、钻探或者倾倒有害化学物品。禁止以上行为，主要是为了防止这些行为导致对杆塔、拉线基础的破坏，影响电气化铁路的正常运行。五是触碰电气化铁路接触网。因为电气化铁路接触网的电压比较高，一旦有导体接触，很容易致人伤残。禁止触碰电气化铁路，就是为了防止触电和损坏接触网设备。

7. 铁路线路安全巡查和维护

639号《条例》第五十五条规定："铁路运输企业应当对铁路线路、铁路防护设施和警示标志进行经常性巡查和维护；对巡查中发现的安全问题应当立即处理，不能立即处理的应当及时报告铁路监督管理机构。巡查和处理情况应当记录留存。"根据此条，铁路运输企业对铁路线路的安全保护主要负有四个方面的义务：一是对铁路线路、铁路防护设施和警示标志进行巡查和维护的义务。铁路点多线长的特点，要求铁路运输企业必须经常对线路进行巡查和维护。这里所说的"经常性"是一个弹性较大的时间概念，实际执行过程中，在保证铁路运输安全的前提下，铁路运输企业可以结合线路特点和安全保护的需要，制定适合本企业的具体管理办法。二是对所发现的问题进行处理的义务。铁路运输企业作为铁路运输生产活动的主体，发现并及时处理事故隐患和不安全因素是其义不容辞的责任。三是及时报告的义务。对于在巡查中发现的问题，铁路运输企业能够当场处理的，应当立即当场处理；不能当场处理的，应当及时报告相应的铁路监督管理机构。铁路监督管理机构作为所辖区域的铁路安全监督管理主体，应当切实履行监管义务，调动一切有效资源，及时处理铁路运输企业在巡查中发现的安全问题，消除隐患。四是对巡查和处理情况记录留存的义务。巡查及处理记录主要是为了增强铁路运输企业安全管理人员的责任心，并为分析问题原因、追究责任留存根据。

（五）铁路运营安全

1. 铁路机车车辆驾驶人员资格许可

639号《条例》第五十七条规定："铁路机车车辆的驾驶人员应当参加国务院铁路行业监督管理部门组织的考试，考试合格方可上岗。具体办法由国务院铁路行业监督管理部门制定。"本条是639号《条例》中三项行政许可之一。铁路机车车辆的驾驶人员是铁路的特殊工种，责任重大，技术性强。驾驶人员技能素质的高低，直接关系铁路行车安全，特别是高铁驾驶人员。我国对飞机驾驶员、汽车驾驶员和船舶驾驶员均实行驾驶证管理制度，也就是驾驶资格许可，铁路对机车车辆驾驶人员也实行资格考试制度。这也是世界各国铁路通行的做法。铁路机车车辆的驾驶人员在获得驾驶资格证后方具备从业资格。从业资格的证明文件不能代替具体的企业上岗证。如果企业对岗前培训有其他条件要求的，应当在取得驾驶证后，再按照企业要求履行相关程序，合格后方可上岗。

2. 铁路运输企业的运营安全义务

（1）铁路从业人员业务培训。639 号《条例》第五十八条规定："铁路运输企业应当加强铁路专业技术岗位和主要行车工种岗位从业人员的业务培训和安全培训，提高从业人员的业务技能和安全意识。" 安全培训是安全生产管理工作的一个重要组成部分，是实现安全生产的一项重要的基础性工作。对从业人员进行安全生产教育培训，规范人的不安全行为，对减少生产安全事故极为重要。同时，通过培训教育可以使广大从业人员正确按规章办事，严格执行安全生产操作规程，认识和掌握生产中的危险因素和生产安全事故的发生规律，正确运用科学技术知识加以治理和预防，及时发现和消除事故隐患，做到将隐患当成事故来防范和处理，确保铁路运营安全。随着高速铁路和重载技术的发展以及高原铁路等特殊线路的建设运营，对铁路专业技术管理提出了新的更高要求，要求各专业技术岗位、主要行车工种的从业人员具备更高的专业知识水平和专业技能。

（2）铁路运输过程中的安全防护。639 号《条例》第五十九条规定："铁路运输企业应当加强运输过程中的安全防护，使用的运输工具、装载加固设备以及其他专用设施设备应当符合国家标准、行业标准和安全要求。"在铁路运输过程中，存在着很多不确定的偶发性因素。如果不加以重视，做好安全防护措施，就有可能引发事故，造成不必要的人员伤亡和财产损失。因此，加强安全防护、提前做好相关的安全预防措施就显得尤为重要。639 号《条例》对此作了专门的规定，主要有两层意思：一是要求"铁路运输企业应当加强运输过程中的安全防护"，明确了加强安全防护的主体是铁路运输企业，承运人承担运输过程中的安全防护职责。二是对铁路运输过程中使用的运输工具、装载加固设备以及其他专用设施设备标准提出了原则性要求，即"应当符合国家标准、行业标准和安全要求"。

（3）铁路设施的日常维护。639 号《条例》第六十条规定："铁路运输企业应当建立健全铁路设施设备的检查防护制度，加强对铁路设施设备的日常维护检修，确保铁路设施设备性能完好和安全运行。铁路运输企业的从业人员应当按照操作规程使用、管理铁路设施设备。" 639 号《条例》对铁路运输企业承担日常维护检修管理职责做了规定。铁路运输设施设备是铁路运输生产的物质基础，其技术状态和质量状态的好坏，直接影响生产效率和安全生产。由于铁路运输具有线路联网、设备联动、作业联劳的特点，大多数情况下，企业间需要联合协作，共同完成运输生产过程。铁路运输设备设施连续运转有形损耗严重，对设备监测的难度大，故障处理时间紧，因此，铁路运输企业必须加强日常的检查、维护和使用管理，使设备始终处于良好的运行状态，确保安全生产。

（4）特殊情况下铁路运输企业的应急管理义务。639 号《条例》第六十一条规定：“在法定假日和传统节日等铁路运输高峰期或者恶劣气象条件下，铁路运输企业应当采取必要的安全应急管理措施，加强铁路运输安全检查，确保运输安全。”客流高峰期或者恶劣气象条件，给铁路运输安全管理带来很大压力，要保证旅客运输安全，铁路运输企业必须集中人力、物力，加大安全检查力度，及时发现和处理各种不安全因素，并对突发事件及时采取应急措施。这是 639 号《条例》为铁路运输企业设定的法定义务。

（5）铁路运输企业的公告义务。639 号《条例》第六十二条规定：“铁路运输企业应当在列车、车站等场所公告旅客、列车工作人员以及其他进站人员遵守的安全管理规定。”公告，本质是尊重和保护公众的知情权、参与权、监督权。为确保铁路运输安全，国务院铁路行业监督管理部门以及铁路运输企业对旅客、货主的一些影响安全的行为进行禁止和适当限制，如规定禁止携带危险品进站上车。铁路运输企业有义务向参与铁路运输活动的旅客、货主以及广大公众告知哪些为禁止性行为，哪些为限制性行为，以及应当如何去做。公告可以通过文字、书画、广播、影像等形式进行。一方面，让相关人员及时了解和掌握铁路运输安全管理规定和相关运输安全的知识，增强安全防范意识，配合铁路运输企业维护好运输安全秩序；另一方面，旅客、货主和广大公众可以有效监督铁路运输企业的安全工作，增强安全管理的透明度，规范铁路运输企业的安全管理工作。履行公告义务的主体为铁路运输企业，公告的内容为有关旅客、列车人员及其他进入车站的人员遵守的安全管理规定，公告的场所应当选在列车内以及车站等地。

（6）铁路运输企业的安全检查义务。639 号《条例》第六十八条规定：“铁路运输企业应当对承运的货物进行安全检查，并不得有下列行为：（一）在非危险货物办理站办理危险货物承运手续；（二）承运未接受安全检查的货物；

（三）承运不符合安全规定、可能危害铁路运输安全的货物。”铁路运输企业应当对承运的货物进行安全检查，这是铁路运输企业的一项法定义务。只有对所承运的货物严把安全检查这一关，才能防患于未然，保证货物运输安全和人民生命财产安全。据此，639 号《条例》作了相应的规定，要求铁路运输企业应当在受理货物运输时遵守以下要求：一是不得在非危险货物办理站办理危险货物承运手续。铁路危险货物办理站，是指站内、专用线、专用铁路办理危险货物发送、到达及中转作业的车站。危险货物办理站按类型分为五种：专办站、兼办站、集装箱办理站、专用线接轨站、综合办理站。铁路运输企业应当按规定对承运危险货物的办理站条件进行审查，防止在不具备条件的情况下承运危险货物，埋下安全隐患。二是不得承运未接受安全检查的货物。托运人有义务接受安全检查，对于拒不接受安全检查的货物，承运人有权拒绝承运。如果铁路运输企业不行使这项权利，承运了拒不接受安全检查的货物，就要为此可能引起的后果承担法律责任。三是不得承运不符合安全规定、可能危害铁路运输安全的其他货物。这是一项兜底的条款。以此为依据，凡是不符合安全规定，可能危害铁路运输安全的货物，铁路运输企业都有权拒绝承运。

3. 旅客、托运人的安全义务

（1）旅客的安全义务。639 号《条例》第六十六条规定：“旅客应当接受并配合铁路运输企业在车站、列车实施的安全检查，不得违法携带、夹带管制器具，不得违法携带、托运烟花爆竹、枪支弹药等危险物品或者其他违禁物品。禁止或者限制携带的物品种类及其数量由国务院铁路行业监督管理部门会同公安机关规定，并在车站、列车等场所公布。”639 号《条例》对旅客禁止或者限制携带物品进行安全检查做了规定。这一规定包括三个方面的内容：一是旅客应当接受并配合铁路运输企业在车站、列车实施的安全检查，这是旅客的法定义务；二是旅客进站上车不得携带、夹带管制刀具或者违法携带托运烟花爆竹、枪支弹药等危险物品及其他违禁物品；三是禁止或者限制携带的物品种类及其数量由国务院铁路行业监督管理部门会同公安机关作出规定，并在车站和列车等场所内公布。

（2）托运人的安全义务。639 号《条例》第六十七条规定：“铁路运输托运人托运货物、行李、包裹，不得有下列行为：（一）匿报、谎报货物品名、性质、重量；（二）在普通货物中夹带危险货物，或者在危险货物中夹带禁止配装的货物；（三）装车、装箱超过规定重量。”铁路运输托运人，大多为货主。对托运人托运货物、行李、包裹的行为进行某些限制，是保护公共安全的需要，也是保护铁路运输安全的需要。据此，639 号《条例》对托运人的三种行为作出了禁止性规定：一是铁路运输托运人不得匿报、谎报货物品名、性质，即托运人要如实申报托运货物的品名、性质，不得采用匿报、谎报的形式，托运承运人不了解、不知晓的货物。二是禁止在普通货物中夹带危险货物，或者在危险货物中夹带禁止配装的货物。托运危险品要严格按照有关的技术规范操作，如果在普通货物中夹带危险货物，或者在危险货物中夹带禁止配装的货物，一旦造成泄漏，将会对铁路运输安全造成很严重的影响。三是禁止匿报、谎报货物重量或者装车、装箱超过规定重量。在铁路运输中，如果匿报、谎报货物重量或者装车、装箱超过规定重量，可能影响列车运行安全，甚至造成列车颠覆，因此，这种行为也是应当禁止的。

4. 危险货物运输安全管理

（1）危险货物运输过程管理。639 号《条例》第六十九条规定：“运输危险货物应当按照法律法规和国家其他有关规定使用专用的设施设备，托运人应当配备必要的押运人员和应急处理器材、设备以及防护用品，并使危险货物始终处于押运人员的监管之下；危险货物发生被盗、丢失、泄漏等情况，应当按照国家有关规定及时报告。”这条规定包括以下几个方面的含义：一是不管是承运人，还是托运人，只要运输危险货物，就应当按照法律法规和国家其他有关规定，配备使用专用的设施设备。二是运输危险货物的托运人应当配备运输危险货物必要的应急处理器材、设备、防护用品，托运人对危险货物还要派出必要的押运人员。三是在危险货物运输的整个过程中，押运人不得擅离职守，要使危险货物始终处于其监控之下。四是一旦发生危险货物被盗、丢失、泄漏等情况，任何人都有义务按照国家有关规定及时报告。既可以向承运人报告，也可以向铁路行业监督管理部门报告，还可以向地方人民政府有关部门及公安机关报告，以便及时研究处理危险货物被盗、丢失、泄漏后可能造成的各种安全危害，防止危险源的进一步扩散。

（2）危险货物运输关键环节控制。639 号《条例》第七十一条规定：“铁路运输企业和托运人应当按照操作规程包装、装卸、运输危险货物，防止危险货物泄漏、爆炸。”办理危险货物运输，包装、装卸、运输是三个最基本的作业环节，也是对保障危险货物运输安全起关键作用的三个作业环节。任何一个环节的作业疏忽大意，都有可能导致危险货物的泄漏或爆炸，不仅影响铁路行车安全，更会对周边环境造成严重破坏，给沿线群众的生产生活带来极大不便。因此，639 号《条例》特别对上述关键作业环节的安全管理作出了明确规定，要求危险货物的托运人和承运人，按照国家规定的操作规程包装、装卸、运输，防止危险货物泄漏、爆炸。本条所称“规定的操作规程”，包括国务院有关部门制定的操作标准，也包括国务院铁路行业监督管理部门制定的技术操作规程。

二、《铁路交通事故应急救援和调查处理条例》重点条款解读

《铁路交通事故应急救援和调查处理条例》（国务院令第 501 号）（以下简称 501 号《条例》）。501 号《条例》是我国第一部全面规范铁路交通事故应急救援和调查处理的行政法规，是铁路运输安全管理领域全面推进依法行政的重要举措。

1. 501 号《条例》的适用范围

501 号《条例》将铁路路外伤亡事故和行车事故统一纳入“铁路交通事故”范畴，形成了统一的事故分类、报告、应急救援和调查处理制度。铁路交通事故主要有两类：一类是对于铁路机车车辆在运行过程中与行人、机动车、非机动车、牲畜及其他障碍物相撞导致的事故；另一类是铁路机车车辆在运行过程中发生冲突、脱轨、火灾、爆炸等影响铁路正常行车的事故。

2. 501 号《条例》的主要特点

501 号《条例》充分考虑了铁路行业管理的特点，在遵循交通事故处理普遍性原则，并与国家其他法律法规相一致的前提下，结合铁路实际确立了一系列适应铁路发展需要，符合铁路运输安全管理规律的制度。

一是在事故分类标准方面，除按照人员伤亡和经济损失的不同情形划分外，还特别增加了列车脱轨辆数和中断铁路行车时间作为确定铁路交通事故等级的标准，这样就更有利于迅速判断事故等级，及时采取应急措施抢通铁路，尽快恢复运输秩序，减少事故损失和影响。

二是在事故应急救援方面，501 号《条例》特别对事故现场应急处置、线路抢修、启动应急预案、借用设备、安置转移人员以及地方政府、相关企业在

各方面的配合支持提出了明确要求。

三是在事故调查处理问题方面，501 号《条例》明确规定，除特别重大事故由国务院或国务院授权的部门组织事故调查组进行调查外，其他等级的事故由铁路主管部门或铁路运输企业组织事故调查组进行调查，这样就更有利于充分发挥铁路部门专业性、技术性强以及垂直管理的特点，及时处理事故，尽快恢复通车。

四是在事故赔偿问题上，501 号《条例》第三十三条曾经将铁路交通事故造成的旅客人身伤害赔偿责任限额，由原来的 4 万元提高到 15 万元；旅客自带行李损失的赔偿责任限额，由原来的 800 元提高到 2 000 元。2012 年 11 月 9 日，时任总理温家宝签发国务院第 628 号令《国务院关于修改和废止部分行政法规的决定》，删去《铁路交通事故应急救援和调查处理条例》第三十三条，自 2013 年 1 月 1 日起施行。自此铁路旅客人身损害赔偿无限额规定。

3. 501 号《条例》的主要内容

（1）明确了铁路交通事故的等级。501 号《条例》根据事故造成的人员伤亡、直接经济损失、列车脱轨辆数、中断铁路行车时间等情形，分为了特别重大、重大、较大和一般事故四个等级：

① 铁路交通特别重大事故。造成 30 人以上死亡，或者 100 人以上重伤（包括急性工业中毒，下同），或者 1 亿元以上直接经济损失的；繁忙干线客运列车脱轨 18 辆以上并中断铁路行车 48 小时以上的；繁忙干线货运列车脱轨 60 辆以上并中断铁路行车 48 小时以上的。

② 铁路交通重大事故。造成 10 人以上 30 人以下死亡，或者 50 人以上 100 人以下重伤，或者 5 000 万元以上 1 亿元以下直接经济损失的；客运列车脱轨 18 辆以上的；货运列车脱轨 60 辆以上的；客运列车脱轨 2 辆以上 18 辆以下，并中断繁忙干线铁路行车 24 小时以上或者中断其他线路铁路行车 48 小时以上的；货运列车脱轨 6 辆以上 60 辆以下，并中断繁忙干线铁路行车 24 小时以上或者中断其他线路铁路行车 48 小时以上的。

③ 铁路交通较大事故。造成 3 人以上 10 人以下死亡，或者 10 人以上 50 人以下重伤，或者 1 000 万元以上 5 000 万元以下直接经济损失的；客运列车脱轨 2 辆以上 18 辆以下的；货运列车脱轨 6 辆以上 60 辆以下的；中断繁忙干线铁路行车 6 小时以上的；中断其他线路铁路行车 10 小时以上的。

④ 铁路交通一般事故。造成 3 人以下死亡，或者 10 人以下重伤，或者 1 000 万元以下直接经济损失的。

除此外，501 号《条例》规定：国务院铁路主管部门可以对一般事故的其他情形作出补充规定。

（2）明确了事故报告制度。501 号《条例》对有关单位和个人应当及时、准确报告事故情况提出原则性要求的同时，还对事故报告主体、对象、报告程序、时限和报告内容等作出了明确具体的规定，并建立了值班和举报制度。

（3）明确了事故应急救援制度。501 号《条例》规定了列车司机或者运转车长的应急处置职责，铁路运输企业的抢修职责，启动事故应急预案和成立现场应急救援机构的程序，以及现场应急救援机构的有关权限，并对地方政府、当地驻军、有关企业和个人支持、配合事故应急救援工作提出了具体要求。

（4）明确了事故调查制度。501 号《条例》充分考虑铁路交通事故调查处理的特点，明确了组织事故调查组的主体、参加部门及其调查权限，规范了事故调查程序、期限和事故责任认定形式，确立了事故处理情况的公布制度，强化了对事故防范和整改措施的监督。

（5）明确了事故的赔偿原则及适用法律。501 号《条例》根据我国相关法律规定，明确了铁路交通事故损害赔偿的基本原则、免责条款、旅客损害赔偿责任限额标准以及其他人员伤亡和财产损失赔偿的法律适用，同时还规定了相应的救济途径。

（6）明确了相关法律责任。501 号《条例》对铁路运输企业及其职工、国务院铁路主管部门、铁路管理机构以及其他行政机关在铁路交通事故应急救援、事故报告和调查处理中的违法行为，以及违反法律、行政法规的规定导致事故发生等行为，都规定了较为严厉的处罚措施，包括行政处罚、处分和追究刑事责任等。

总之，501 号《条例》进一步以国家行政法规的形式，明确了铁路交通事故应急救援和调查处理主体、权限、程序及其责任。

第四章 铁路交通事故现场调查

铁路交通事故发生后，须依据《铁路交通事故应急救援和调查处理条例》和《国家能源集团生产安全事故内部调查处理规定》，坚持以事实为依据，以法律、法规、规章为准绳，立即赶赴事故现场，认真开展调查分析，查明原因，认定损失，定性定责，追究责任，总结教训，提出整改措施。本章重点介绍事故调查的目的、依据、基本原则、基本思路，并从专业部门、专业监察的角度，结合事故案例的实际调查处理过程，详细论述事故现场调查的重点内容、物证搜集重点和方法，以便查清事故的真实原因，真正吸取事故教训，有针对性地制定对策措施，减少事故的发生。

一、铁路交通事故调查概述

铁路交通事故调查的依据和主线，主要是501号《条例》和《国家能源集团生产安全事故内部调查处理规定》。

（一）铁路交通事故调查的目的

事故，是一部安全生产的百科全书。前车覆，后车戒，警钟长鸣。它会使我们增长智慧和才干，对贯彻“安全第一、预防为主、综合治理”方针，改进安全生产管理水平，提高职工队伍素质、行车技术设备质量和抗御自然灾害能力具有重要意义。

对事故进行认真、细致、全面的调查，是了解事故发生过程、原因、机理的唯一方法、手段和途径。预防事故的有效办法，来源于对事故的严格调查和科学分析。因此，对铁路交通事故的调查，不但要达到浅层次的目的，即及时查清事故的概况、性质、原因、责任和损失；更要达到深层次的目的，即查清事故直接和间接原因、主要和次要原因、主观和客观原因等各种原因之间的相互关系，找出造成事故背后的原因，真正达到防患于未然，更好地保障公众生命财产安全，为促进铁路安全健康发展奠定坚实基础。

（二）铁路交通事故的分类

依据 501 号《条例》，结合铁路实际，将铁路交通事故分为四个等级 23 类，即特别重大事故（5 类）、重大事故（7 类）、较大事故（7 类）、一般事故（4 类）。《国家能源集团生产安全事故内部调查处理规定》在 4 类一般事故中，又分为：一般 A 类 4 种；一般 B 类 4 种；一般 C 类 26 种；一般 D 类 21 种。

1. 铁路交通特别重大事故

造成 30 人以上死亡；造成 100 人以上重伤；造成 1 亿元以上直接经济损失；繁忙干线客运列车脱轨 18 辆以上并中断铁路行车 48 小时以上；繁忙干线货运列车脱轨 60 辆以上并中断铁路行车 48 小时以上。

2. 铁路交通重大事故

造成 10 人以上 30 人以下死亡；造成 50 人以上 100 人以下重伤；造成 5 000 万元以上 1 亿元以下直接经济损失；客运列车脱轨 18 辆以上；货运列车脱轨 60 辆以上；客运列车脱轨 2 辆以上 18 辆以下，并中断繁忙干线铁路行车 24 小时以上或者中断其他线路铁路行车 48 小时以上；货运列车脱轨 6 辆以上 60 辆以下，并中断繁忙干线铁路行车 24 小时以上或者中断其他线路铁路行车 48 小时以上。

3. 铁路交通较大事故

造成 3 人以上 10 人以下死亡；造成 10 人以上 50 人以下重伤；造成 1 000 万元以上 5 000 万元以下直接经济损失；客运列车脱轨 2 辆以上 18 辆以下；货运列车脱轨 6 辆以上 60 辆以下；中断繁忙干线铁路行车 6 小时以上；中断其他线路铁路行车 10 小时以上。

4. 铁路交通一般事故

主要分为：一般 A 类事故、一般 B 类事故、一般 C 类事故、一般 D 类事故。

（1）铁路交通一般 A 类事故：A1 造成 2 人死亡；A2 造成 5 人以上 10 人以下重伤；A3 造成 500 万元以上 1 000 万元以下直接经济损失；A4 列车及调车作业中发生冲突、脱轨、火灾、爆炸、相撞……

（2）铁路交通一般 B 类事故：B1 造成 1 人死亡；B2 造成 5 人以下重伤；B3 造成 100 万元以上 500 万元以下直接经济损失；B4 列车及调车作业中发生冲突、脱轨、火灾、爆炸、相撞……

（3）铁路交通一般 C 类事故：C1 列车冲突；C2 货运列车脱轨；C3 列车火灾；C4 列车爆炸；C5 列车相撞；C6 向占用区间发出列车；C7 向占用线接入列车；C8 未准备好进路接、发列车；C9 未办或错办闭塞发出列车；C10 列车冒进信号或越过警冲标；C11 机车车辆溜入区间或站内；C12 列车中机车车辆断轴，车轮崩裂，制动梁、下拉杆、交叉杆等部件脱落；C13 列车运行中碰撞轻型车辆、小车、施工机械、机具、防护栅栏等设备设施或路料、坍体、落石；C14 接触网接触线断线、倒杆或塌网；C15 关闭折角塞门发出列车或运行中关闭折角塞门；C16 列车运行中刮坏行车设备设施；C17 列车运行中设备设施、装载货物（包括行包、邮件）、装载加固材料（或装置）超限（含按超限货物办理超过电报批准尺寸的）或坠落；C18 装载超限货物的车辆按装载普通货物的车辆编入列车；C19 电力机车、动车组带电进入停电区；C20 错误向停电区段的接触网供电；C21 电化区段攀爬车顶耽误列车；C22 客运列车分离；C23 发生冲突、脱轨的机车车辆未按规定检查鉴定编入列车；C24 无调度命令施工，超范围施工，超范围维修作业；C25 漏发、错发、漏传、错传调度命令导致列车超速运行；C26 未经审批在营业线上试验技术革新、科研项目。

（4）铁路交通一般 D 类事故：D1 调车冲突；D2 调车脱轨；D3 挤道岔；D4 调车相撞；D5 错办或未及时办理信号致使列车停车；D6 错办行车凭证发车或耽误列车；D7 调车作业碰轧脱轨器、防护信号，或未撤防护信号动车；D8 货运列车分离；D9 施工、检修、清扫设备耽误列车；D10 作业人员违反劳动纪律、作业纪律耽误列车；D11 滥用紧急制动阀耽误列车；D12 擅自发车、开车、停车、错办通过或在区间乘降所错误通过；D13 列车拉铁鞋开车；D14 漏发、错发、漏传、错传调度命令耽误列车；D15 错误操纵、使用行车设备耽误列车；D16 使用轻型车辆、小车及施工机械耽误列车；D17 应安装列尾装置而未安装发出列车；D18 行包、邮件装卸作业耽误列车；D19 电力机车、动车组错误进入无接触网线路；D20 列车上工作人员往外抛掷物体造成人员伤害或设备损坏；D21 行车设备故障耽误本列客运列车 1 小时以上，或耽误本列货运列车 2 小时以上，固定设备故障延时影响正常行车 2 小时以上（仅指正线）。

（三）铁路交通事故调查的依据

"以事实为依据，以法律为准绳"是事故调查中应始终遵循的一条基本原则。事故调查人员必须依照《安全生产法》、《铁路法》、639 号《条例》、501 号《条例》、《铁路技术管理规程》、《国家能源集团生产安全事故内部调查处理规定》，对事故现场进行认真详尽的调查。

（四）铁路交通事故的调查主体、组织及职责

1. 铁路交通事故的调查主体

（1）特别重大事故。由国务院或国务院授权的部门组织事故调查组进行调查。

（2）重大事故。由国务院铁路主管部门组织事故调查组进行调查。

（3）较大事故和一般事故。由事故发生地铁路管理机构组织事故调查组进行调查；国务院铁路主管部门认为必要时，可以组织事故调查组对较大事故和一般事故进行调查。

2. 铁路交通事故调查组的组成

根据事故性质和等级，集团公司组织成立内部事故调查组，实行组长负责制。事故调查组一般由安全监察、纪检监察和相关产业管理等部门派员组成。成员应具有事故调查所需知识和专长，并与所调查的事故没有直接利害关系。可聘请外部专家参与内部事故调查。

内部事故调查组成员在事故调查工作中应当诚信公正、恪尽职守，遵守事故调查纪律，保守事故调查秘密。

3. 铁路交通事故调查组的职责

内部事故调查组负责查明事故发生的经过、原因、人员伤亡及直接经济损失等情况，认定事故性质和责任，提出对事故责任人的处理建议，总结事故教训，提出防范和整改措施建议，提交事故调查报告。调查组可酌情设立综合组、技术组、管理组，各组负责人由调查组组长指定。

（1）综合组主要职责。

主要负责事故调查的综合协调，统筹做好事故调查组各项工作，负责事故应急处置评估工作，负责起草事故调查报告，具体包括：

① 筹备成立事故调查组，召开事故调查组相关会议。

② 统一报送和处置事故调查组相关信息，对事故调查工作进行综合协调，完成后勤保障等工作。

③ 了解、掌握各组调查进展情况，督促各组按照事故调查组的要求，制定工作方案，推动调查工作有序开展，对需要补充调查的事项提出要求。

④ 评估事故发生后的应急救援及处置情况，按照有关要求，完成事故应急评估报告。

⑤ 起草事故调查报告，并提交事故调查组审议。

⑥ 完成事故调查组交办的其他工作。

（2）技术组主要职责。

主要负责调查事故发生的直接原因和技术方面的间接原因，具体包括：

① 根据事故调查组的总体工作要求，制定技术组调查工作方案。

② 查明事故发生的时间、地点、经过、事故死伤人数及死亡原因。

③ 勘查事故现场，搜集事故现场相关证据，指导技术鉴定和检验检测工作，对事故发生机理进行分析、论证、验证和认定，查明事故的直接原因和技术上（设备、工艺、操作、标准等）的间接原因，认定事故直接经济损失。

④ 提出对事故性质认定的初步意见和事故预防的技术性针对性措施。

⑤ 形成技术组调查报告提交事故调查组审议。

⑥ 完成事故调查组交办的其他任务。

（3）管理组主要职责。

主要负责事故管理方面原因的调查，具体包括：

① 根据事故调查组要求，制定管理组调查工作方案。

② 查明事故相关企业的基本情况、相关负责人安全生产责任落实情况、相关部门职责及其工作人员、岗位人员履行职责情况；结合技术组调查情况，查明相关单位和人员负有事故责任的事实，提出对相关单位和责任人员的处理建议。

③ 针对事故暴露出来的管理及监管方面的问题，提出整改建议和防范措施，形成管理组调查报告提交事故调查组。

④ 完成事故调查组交办的其他任务。

二、专业部门（专业监察）事故现场调查内容与物证搜集重点

发生列车冲突、脱轨、火灾爆炸及相撞等事故后，各专业部门、各专业监察应按集团公司统一部署，对事故现场开展事故调查。铁路公安部门到达事故现场后，应及时向事故的当事人、关系人和目击证人调查了解情况，提取笔录并收集与事故有关的证据；绘制现场平面示意图；清理现场遗留物并做好记录。

（一）公安部门

铁路公安部门应按表 4-1 做好现场勘察和记录，并及时报告事故调查组。

表 4-1　列车脱轨事故调查项目表（公安）

________线 上（下）行______ km______ m______ 次　　______年______月______日

顺序	调查项目	调查结果、内容	图片、说明
1	保护现场	必要时与地方公安部门配合	将采取的措施、起讫时间和情况详细记录
2	调查有无人为破坏现象	（1）轨道上有无摆放石头及其他障碍物情况。 （2）有无破坏轨道结构或其他铁道设备情况。 （3）调查痕迹提取实物或其残片、记录里程并拍照录像。 （4）查询有关人员并开始调查侦破	照片、录像、示意图

续表

顺序	调查项目	调查结果、内容	图片、说明
3	传唤	派出所立即传唤：（1）司机；（2）副司机；（3）运转车长。 并视需要传呼：值班员、工务人员、扳道员及有关人员，待事故调查委员会询问时参加询问	询问记录
4	询问或参加询问	会同有关人员及领导对传唤人员进行询问	询问记录、笔录，必要时录音
5	录像、拍照	（1）脱轨事故现场全貌录像及照片。 （2）线路损坏情况及爬轨点情况，痕迹的录像、照片。 （3）机车停车点、列车尾部停车点里程及照片，对脱轨车按辆别进行拍照（照片应能显示脱轨后走行部分与线路关系，同时应能判明车号）。 （4）爬轨点及爬轨车轮痕迹照片。 （5）脱轨车按辆别拍摄其车钩伤痕照片。 （6）货物装载情况及照片。 （7）其他应拍照录像的情况	（1）轨道上痕迹、车辆颠覆位置、列车全貌、脱离车体的转向架、散落轮对和其他部件位置等照片。凡事故现场恢复通车后即无从查找者，应尽量提前进行。 （2）拍照及录像应注明行车方向。 （3）与各有关部门配合进行

调查人员签认：______________________________

（二）车务部门（车务监察）

涉及以下内容：调车作业通知单，调车作业通知程序，平调设备数据，列检作业通知程序，防溜登记，交接班记录，职工上岗合格证，《站细》有关规定，行车日志，列车运行阶段计划，办理闭塞情况，车机联控执行情况，设备破封登记，调度命令登记簿，列尾作业情况，列车编组情况，路企安全协议，运统-46登记（设备故障、施工），天窗修登记本，货物运单以及货物装载清单、货票，装载加固情况，商检作业情况，查阅闭塞及车机联控录音、车务远程监控系统、超偏载检测仪、超限检测及装载状态监视系统、超高超宽检测仪、货检监控及作业管理系统、货场安全电视监视系统的监测记录。部分内容见表4-2、表4-3。

表 4–2　列车脱轨事故调查项目表（车务）

________线 上（下）行______ km_____ m______ 次　　　　_____年______月_____日

顺序	调查项目	调查结果、内容	图表或说明
1	两方站	（1）行车办理及录音。 （2）停车时间。 （3）车机联控录音。 （4）列车通过或开车是否听到或看到异声响、异状	
2	两方站	事故通报有关情况、救援有关情况	
3	运转车长	脱轨时（或运行异常）的感觉，此时的速度、时间、地点	
		完全停车采点	
		使用紧急制动阀	
		后方站开车通过时间及至事故发生前运行情况	
		同司机呼叫或其他	
4	全列车编组	由第　位至第　位，空重、长短、装载多少，编组技术要求	示意图
5	索取	（1）运行日志。 （2）运行图。 （3）调度命令。 （4）其他	

调查人员签认：____

表 4–3　列车脱轨事故调查项目表（货运）

________线 上（下）行______ km_____ m______ 次　　　　_____年______月_____日

顺序	调查项目	调查结果、内容	图表或说明
1	脱轨车装载发站、到站	脱轨车装货物______，______t，超重__________t，偏载______，集载_______。发站______，到站_________	图示
2	脱轨车前后车辆装载	前车装载货物_____，_____t；后车装载货物______，_____t。 对脱轨车脱轨是否有影响	说明
3	装载加固	脱轨车及前后加固形式，是否牢固、窜动	说明并画窜动痕迹
4	其他	状态视需要调查	说明

调查人员签认：____

（三）调度部门

涉及以下内容：列车运行图、行车日志、列车运行班计划和阶段计划、调度命令登记簿和有关行车检测设备的监测记录、调监记录、调度电话录音等。

（四）客运部门（客运监察）

涉及以下内容：旅客人数，旅客伤亡人数，是否涉及境外人员伤亡，计划装卸行包和邮件件数；行包和邮件单件重量和总重量；应配备的装卸人员数量和实际配备数量；车内原有行包和邮件占用面积；站车间通报情况；列车乘务组的组成情况；餐车用料情况；餐车供应餐饮的时间；车窗纱窗的安装及使用情况；车门和车窗的锁闭及关闭情况等。

（五）机务部门（机务监察）

涉及以下内容：乘务员待乘、出勤、库内作业、出库作业、列车始发前的作业情况，列车运行情况，列车运行监控记录装置记录数据，车机联控的录音，司机手账，行车安全监控设备合格证，运行揭示命令及书面行车凭证，列车编组通知单，调车作业通知单，机车修程及损失情况，电力机车弓网动态监测装置、机车火焰报警装置、电力机车车顶绝缘检测装置、机车轴温报警装置的记录，接触网检测车监测记录。部分内容见表 4–4。

表 4–4　列车脱轨事故调查项目表（机务）

________线 上（下）行______ km______ m______ 次　　　　_____年______月_____日

顺序	调查项目	调查结果、内容	图表或说明
1	机车牵引方式	________型____号单或双机牵引，补机为_______型____号，配属段________	
2	机车停车位置及状态	停车地点：_______km+_____m 处。 状态：	运器记录
3	机车技术状态	机车制动缸活塞行程； （1）轮箍或轮毂松弛； （2）踏面擦伤深度； （3）轮缘厚度； （4）轮缘垂直磨耗； （5）其他	技术数据 照片

续表

顺序	调查项目	调查结果、内容	图表或说明
4	机车散落件	脱轨前机车有________掉下、散落	位置图
5	机车破损分离	机车破损______处，机车与车辆分离	图示
6	分别询问、调查司机、副司机及添乘人员	后方站至事故现场的操纵过程，制动、撒砂、缓解、速度及与车站、运转车长呼唤应答情况。 后方站开车或通过时间、速度。 发生脱轨时的感觉，此时的地点、速度、风管压力下降值。 停车时间、地点。 线路设备状态感觉及说明	笔录
7	司机	搜集司机、运转车长手账	
8	有关人员	技术运算，确定运行时间、时速和操作标准与否等项，检查运器、录音装置有无异状	
9	转储、备份	对运行监控装置、车机联控录音装置中的资料，进行转储、备份	

调查人员签认：____

（六）工务部门（工务监察）

涉及以下内容：确认脱轨点、落轨点，确认脱轨点前后有无施工作业、有无异物击打痕迹，对脱轨点前后一定长度范围内线路组织全面测量并绘制现场示意图。搜集工长和车间主任设备检查记录、工区作业日计划、当月施工计划、当月天窗修作业记录、运统-46登记、线路设备台账、无缝线路技术资料，查阅轨检车、机车车载式轨道动态监测系统、雨量实时监测分析系统、无缝线路防胀轨温实时监测系统、风速实时监测传输系统、施工安全监控系统、桥梁防撞架监控报警系统等形成的监测记录。部分内容见表4-5。

表 4–5　列车脱轨事故调查项目表（工务）

________线 上（下）行______ km______ m______ 次　　______年______月______日

顺序	调查项目	调查结果、内容	照片、图、表或说明
1	爬、跳、挤及其向前运动轨迹	____次列车于_____线____km_____m左（右）股处开始爬、跳、挤轨（如脱轨点不止一个，应分别调查）	照片、录像，绘制运动轨迹图
2	爬轨后车轮于轨顶面上走行距离及爬轨、落轨时在轨头内外侧擦伤痕迹	爬轨后左/右车轮在轨面上走行____mm，于____km+____m左（右）轮落轨。 右图标明： ① 爬轨起点及长度； ② 轨顶走行长度； ③ 轨头内外擦伤； ④ 车轮落地点； ⑤ 拍照并明确标明部位	照片、录像
3	脱轨点后钢轨折断，鱼尾板螺栓及螺栓孔伤损	脱轨点后______km+____m第___ 号钢轨折断。 伤损见照片（草图）	照片（草图）
4	事故现场破坏地段以外前后 100 m 线路、道岔几何尺寸。 测量间隔为 1 m	超限处所：轨距___处，最大___mm；水平_____处，最大___mm； 高低_____处，最大____mm；三角坑处，最大___mm	调查图表（前后各一张）。 超限处所注明，并有照片
5	连接零件（前后各 100 m）	扣件（道钉）： 防爬器： 轨距杆： 其他：	统计数据、照片
6	道床状态	翻浆冒泥： 道床板结： 道砟饱满程度： 其他：	文字描述、统计数据、照片
7	轨枕	轨枕型号： 状态：	失效轨枕统计、照片
8	钢轨	钢轨技术档案： 钢轨技术状态： 断轨分析资料：	技术资料 分析资料、照片
9	事故破坏地段前后 100 m 内曲线状态	曲线基本要素： 曲线技术状态：	曲线技术状态调查数据

续表

顺序	调查项目	调查结果、内容	照片、图、表或说明
10	铁路技术设备损坏情况	（1）道口铺面、接触网及支柱，线路标志、信号标志，桥隧建筑物剐、擦、撞伤痕迹。 （2）障碍物被列车轧、压、刮、撞。 （3）线路被车辆脱落部件剐、砸、打	（1）图示：里程、位置、状态、名称。 （2）损坏的设备凡有痕迹的，均应有照片
11	有关及旁证人员	线路、道岔、桥隧、路基技术设备状态。 7日内维修、紧急补修日期、作业项目、收工时的标准，是否存在因作业埋下事故隐患	原始记录
12	查阅有关资料	查阅技术资料，判明资料是否完备。 搜集并查阅工长、领工员、段长等人设备检查记录簿，看隐患的消除情况。 搜集并查阅班组日计划及安全预想情况，判明作业安排是否得当。 查阅有关安全、技术教育情况，判明关系人的安全、技术素质。 进行技术运算，判明有关要素的准确程度	原始记录 有关技术资料注明线路限制条件和允许速度
13	与有关专业人员配合绘制现场平面示意图	绘制事故现场平面示意图： （1）事故现场始终点、爬轨点、车辆分离及必要的里程标，前后左右相关距离。 （2）脱轨列车各个车辆、机车及其配件可与有关人员共同确认位置、状态示意及必要的相关距离。 （3）标明线路技术设备有关要素。 （4）线路破坏范围及损失。 （5）其他	事故现场平面示意图

调查人员签认：______________________________

（七）电务、供电部门（电务、供电监察）

涉及以下内容：道岔密贴程度及开口尺寸，道岔各部螺丝紧固情况，道岔密贴位置，转辙机技术状态，轨道电路送、受端电压值及残压测试记录，相关信号机显示及电压值，行车室控制台设备显示状态，控制台铅封按钮加封情况，使用铅封按钮破封登记；搜集工长和车间主任设备检查记录、工区作业日志、设备测试记录、电特性测试及分析、轨道电路分路不良登记及测试记录、设备待修记录、最近一次检查记录、当月施工计划、当月天窗修作业记录、运统-46登记本等资料；查阅信号微机监测系统、动车组信号设备动态实时监测系统、自动化驼峰监测系统的监测记录。部分内容见表4-6。

检查检测故障设备，查阅有关作业记录、台账资料、管理制度等；抢修过程书面材料，故障现场的图像、物证，检查测量记录、监控装置记录，以及设备运行、监测、检测、维修记录，设备（产品）生产许可证、合格证，相关工艺、技术标准等；当事人证明材料，设备运行日志、维修（施工）和巡视记录，检查测量原始记录、抢修救援经过及车间分析等详细书面资料。

表4-6　列车脱轨事故调查项目表（信号、通信、供电）

________线 上（下）行______ km_____ m______ 次　　　　_____年______月_____日

顺序	调查项目	调查结果、内容	图、表或说明
1	在道岔上脱轨时调查转辙设备；有微机检测设备的要调出记录	（1）转辙设备技术状态。 （2）损坏情况	说明、绘图并拍照
2	通信设备	通信设备（电缆、电杆、电线）损伤情况	说明、绘图并拍照
3	电气化区段供电系统	电气化区段供电设备损坏情况	说明、绘图并拍照
4	询问、查阅有关记录、资料	事故发生前设备的维修日期及内容，有无违章、有无隐患	说明

调查人员签认：________________________________

（八）车辆部门（车辆监察）

涉及以下内容：收集散落的车辆配件，绘制散落车辆配件位置和事故现场示意图，调查车辆破损状况，逐辆记载车号、定检、破损部位、破损程度及新旧痕百分比，外物击打破损故障时须注明全列车辆配件检查情况，对造成事故的车辆状态进行重点拍摄；查阅红外线轴温探测系统（THDS）、货车运行状态地面安全监测系统（TPDS）、货车滚动轴承早期故障轨边声学诊断系统（TADS）、货车运行故障动态图像检测系统（TFDS）、客车运行状态安全监控系统（TCDS）、客车轴温报警器；发电车发生火灾、爆炸事故应查阅发电车火灾视频监控报警系统记录。部分内容见表 4–7、表 4–8。

表 4–7 列车脱轨事故调查项目表（车辆）

________线 上（下）行______ km______ m______ 次 _____年______月_____日

顺序	调查项目	调查结果、内容	图表或说明
1	确认第一辆脱轨车	（1）视情况逐辆或个别调查车辆车体、转向架牵引装置、制动系统等伤损及零部件脱落、丢失、损坏、失效情况。 （2）脱轨或颠覆状态。 （3）破坏严重状态。 （4）其他	说明
2	验证第一辆脱轨车	（1）根据现场实际状况。 （2）脱轨车轮伤痕与轨道上爬轨点主要伤痕是否对应。 （3）脱轨车前后牵引装置伤痕与其脱轨车辆是否符合。 （4）脱轨车辆轮对伤损情况与其脱轨后运行情况是否吻合。 （5）车辆走行部分技术状态。 （6）制动系统缺陷	实测车辆技术数据： 轮缘内侧距、轮缘厚、踏面圆周磨耗、踏面垂直磨耗、轮缘垂直内侧缺陷、踏面擦伤、剥离、其他。 说明与事故有无关系
3	记录第一辆脱轨车	机后第_____位，车号______，第_____位轴，第_____轴头，轴头号______	
4	绘图	绘制脱轨列车各车辆状态，视需要标记里程，各主要部件散落位置，并拍照	草图
5	车辆冷、热切轴	第_____位，第_____台车，第轴，第____轴头热切、冷切	草图、拍照
6	有关列检所	是否按规定范围和技术作业过程作业，是否发现问题，漏检、漏修、漏报，并查看有关记录	说明
7	红外线检测点	查阅相关记录	说明
8	车辆标记	定检情况、检修周期	说明

调查人员签认：________________________________

表 4–8　列车脱轨事故调查项目表（车辆：只登记脱轨或分离车）

________线 上（下）行______ km_____ m______ 次　　　　_____年______月_____日

顺序	车号	车辆脱轨点位置示意（标明前后相互距离）	前后转向架技术状态损坏情况及零部件	车体损伤情况	钩缓系统损伤情况	制动系统损伤情况

调查人员签认：______________________________

第五章

铁路交通事故应急救援

在发生铁路交通事故后应立即启动应急预案，出动救援力量，最大限度地减少人员伤亡和财产损失，尽快恢复铁路运输秩序。依据《安全生产法》《突发事件应对法》《生产安全事故应急条例》《铁路交通事故应急救援和调查处理条例》以及相关法规、规章、标准，必须不断加强安全应急管理，健全应急救援组织和应急管理制度及预案，规范铁路交通事故应急救援工作。

一、明确事故救援原则

铁路交通事故救援工作应遵循“以人为本、逐级负责、应急有备、处置高效”的原则。以人为本，就是制定应急救援预案或现场事故救援中，必须遵循“救人第一、防止次生灾害第二、保护财产和环境第三、恢复生产生活第四”的次序。救援人员到达事故现场后，要在72小时生命黄金救援期内，迅速将受伤人员救出并送往医院抢救，最大限度地减少人员伤亡。

二、健全各级救援组织

《安全生产法》第七十九条明确规定：“国家加强生产安全事故应急能力建设，在重点行业、领域建立应急救援基地和应急救援队伍，并由国家安全生产应急救援机构统一协调指挥；鼓励生产经营单位和其他社会力量建立应急救援队伍，配备相应的应急救援装备和物资，提高应急救援的专业化水平。”

在国家能源集团的统一领导下，按照逐级负责的事故救援工作原则，各公司事故应急救援领导小组负责管内事故救援工作，建立健全工作制度，制定和完善事故应急救援预案，按照国家和集团规定的权限和程序，组织、指挥、协调事故应急救援工作，并指导、督促各公司落实事故应急救援的各项规定，依法组织、指挥、协调本辖区内的事故应急救援工作；各公司要成立事故应急救援领导小组和相应工作机构，建立健全工作制度，制定和完善事故应急救援预案，加强救援队、救援列车建设，做好事故应急救援的人员培训、装备配置、物资储备、预案演练等基础工作；必要时，公安机关应参与事故救援工作，负责保护事故现场，维护现场治安秩序，进行现场勘察和调查取证，依法查处违法犯罪嫌疑人，协助抢救遇险人员；需要地方政府或当地驻军、武装警察部队给予支持帮助时，由国家能源集团负责协调。

三、完善应急救援预案

《安全生产法》第八十一条明确规定：“生产经营单位应当制定本单位生产安全事故应急救援预案，与所在地县级以上地方人民政府组织制定的生产安全事故应急救援预案相衔接，并定期组织演练。”第八十二条明确规定：“危险物品的生产、经营、储存单位以及矿山、金属冶炼、城市轨道交通运营、建筑施工单位应当建立应急救援组织；生产经营规模较小的，可以不建立应急救援组织，但应当指定兼职的应急救援人员。危险物品的生产、经营、储存、运输单位以及矿山、金属冶炼、城市轨道交通运营、建筑施工单位应当配备必要的应急救援器材、设备和物资，并进行经常性维护、保养，保证正常运转。”

铁路交通事故救援的实践证明，制定好一个切合现场实际的科学安全应急预案，对指导现场正确施救，减少事故损失和防止次生灾害的发生意义重大。《安全生产法》《突发事件应对法》《国家突发公共事件总体应急预案》以及《生产经营单位生产安全事故应急预案编制导则》（GB/T 29639—2020）对制定和完整规范的安全应急预案、救援演练标准和流程，都作了明确具体的规定。总的来说，安全应急救援预案（方案）是一项专业性、技术性、科学性很强的系统工程，必须以科学务实、高度负责的态度认真去做。制定的预案（方案）符合现场实际，应急响应、救护防护、保障支援等细节，都要细致具体、可操作性强，并做到“明示化、网络化、程序化、标准化”。

要想制定出高质量的安全应急预案，有关领导和具体负责人员，一要有高度的隐患意识和责任心。1994 年 2 月 15 日（正月初六），正值春运客流返程高峰。南方某站小雨绵绵，由该站开往广州的始发客车开始放行。当蜂拥的旅客行至天桥台阶时，1 名旅客不慎摔倒并绊倒部分旅客，后续大量不知情的旅客仍然向前拥挤，发生踩踏，致 22 名旅客当场死亡，送医和施救中，又有 22 名旅客相继死亡。事故共造成 44 人死亡、34 人受伤，其中重伤 7 人。造成事故的客观原因是天冷、下雨、路滑和桥梯坡陡，但是如果车站有应对短时间突发大客流+不良天气应急预案，并按预案分段截流、组织疏导，悲剧就不会发生。因此，负责安全应急管理的人员应针对安全风险的不确定性和突发性特点，勤观察、勤思考，熟悉现场作业的每个环节和短板，制定和完善预案，确保预案实用有效。

二要真抓实干，切忌滥竽充数。2013 年 11 月 22 日，青岛输油管道发生爆炸，致 62 人死亡、136 人受伤。原因是输油管与排水暗渠交汇处发生腐蚀破裂，漏油漏气。石化、水务、消防、城管、安监和有关部门都赶到现场后，由于预案不完善，对各部门对如何应急施救意见不统一，延误了宝贵的抢救时间，最终发生爆炸。因此，应急预案切忌凑数、内容空泛、雷同，官话套话多等“假、大、虚、空”或照搬照抄上级预案，坐而论道、纸上谈兵现象。

三要做好应急预案的动态完善。经常对照事故教训、上级部署要求和本单位设备与运输方式变化，对已制定的应急预案方案进行动态完善，特别是大风、雨、雪、雾等恶劣天气及隧道内、高桥上、电网下等复杂地形条件下救援方案的准确性，确保应急有效。

四、强化技能培训演练

做好日常应急救援培训和演练，对提高队伍素质，圆满完成事故救援任务，确保人民生命财产安全意义重大。实践证明，经常性地开展安全应急和事故救援培训演练，能从六个方面提高整体救援能力：一是居安思危，强化安全危机意识，有效提高突发灾害事故应急救援能力。二是检验预案是否完善，提高应急预案的实用性和可操作性。三是检查对应突发事件所需的应急队伍、物资、装备、技术等是否存在不足，及时加以调整补充。四是锻炼队伍，通过组织和参与演练，进一步熟悉预案，提高应急能力。五是严密相关单位和人员的职责任务，理顺关系，完善应急机制。六是普及应急知识，提高风险防范意识和自救互救能力。做好日常培训、演练，应注意以下方面：

（1）依法如实进行。《安全生产法》将安全教育培训作为重点，并纳入企业安全主体责任和企业主要负责人的岗位职责。当前，有的单位安全应急培训演练存在“三假”问题，即假学习、假培训、假卷宗。有的不培训，存在开卷抄答案或别人代考、代签名等弄虚作假问题。《安全生产法》实施后，教育培训弄虚作假就属于违法犯罪行为，如因培训不到位发生事故，就要承担法律责任。

（2）突出现场实际。随着铁路救援装备现代化水平的提高，以及新型起重、起复设备的引进、投用，加强救援队伍培训、提高救援队伍素质、提升救援指挥水平、培养救援人才的任务十分重要。要不断加强专业知识的教育培训和演练，特别是长大桥梁、隧道、复杂地质等相关知识的培训和演练，真正把学习、培训、演练、实战融为一体。

（3）注重“一职多能”培训。针对事故的不确定性和复杂多变等情况，强化安全应急救援队伍的“一职多能”专业知识培训和技能掌握，每年要组织一次综合性的技术业务培训和研讨，使每一个系统、每一个部门、每一个人在清楚自己“战时”使命、职责的同时，还要胜任“替补”队员的角色，做到一职多能、技术过硬。

（4）适时组织全面综合演练。作为铁路专业救援力量，要有目的地组织抢险机械上下平板车、铺设便线、架设便桥便梁、搭设枕木垛、架立排架、边坡打桩、军便梁拼装、战备墩组装、车辆脱线救援起复等科目的应急演练。同时，要坚持每年不少于一次的综合性救援演练；救援队要针对救援区域内运输、设备、周围环境等情况，每半年组织一次救援队实战演练；救援列车每季度要进行一次有针对性的救援实作演练，每月进行一次全体人员的综合体能训练，切实提高实战水平。

五、规范事故报告内容

《安全生产法》第八十三条明确规定："生产经营单位发生生产安全事故后，事故现场有关人员应当立即报告本单位负责人。单位负责人接到事故报告后，应当迅速采取有效措施，组织抢救，防止事故扩大，减少人员伤亡和财产损失，并按照国家有关规定立即如实报告当地负有安全生产监督管理职责的部门，不得隐瞒不报、谎报或者迟报，不得故意破坏事故现场、毁灭有关证据。"

根据 501 号《条例》和铁路行业事故救援规定，列车（包括机车、车辆）在运行中发生冲突、脱轨、火灾、爆炸等影响铁路正常行车的事故时，现场工作人员要以最快的速度，查清事故概况，并按以下程序逐级报告：

（1）在区间、站内发生的，由机车乘务员或现场作业人员立即报告邻近铁路车站、列车调度员。

（2）路外人员或铁路作业人员发现的，应立即向邻近车站、铁路公安机关或相关单位负责人报告，并保护现场，不得擅自触动设备。

（3）车站值班员接报（特别是接到非铁路作业人员的报告）后，要迅速核实事故情况，并立即报告公司列车调度员，通知相关设备单位和车站值班站长。

（4）列车调度员接到事故报告后，应当立即向调度值班主任报告。调度值班主任向公司值班领导、安监、运输和公安部门值班人员及国家能源集团相关部门报告。如需出动救援列车时，列车调度员应立即向救援列车或救援队发布出动命令。

（5）机车、供电、工务、电务值班人员接报后，分别向主管领导及相关负责人报告。

（6）集团公司总调度室接到报告后，立即汇报主要领导。

（7）发生人身死亡 1 人及以上相撞事故时，公司调度指挥中心要立即报告公司负责人、运输、安全监察及有关业务部门、公安部门，并按规定向国家能源集团相关部门报告。

（8）公司负责人接到报告后，按规定向行业监管部门和地方政府报告。

（9）列车运行中发生相撞，或在站内及专用线、段管线调车发生相撞（人、机动车、牲畜等）事故的报告与处理，按有关规定执行。

报告的主要内容：

（1）事故发生的时间、地点（站名）、区间（线名、公里、米）、线路条件、事故相关单位和人员。

（2）发生事故的列车种类、车次、机车型号、部位、牵引辆数、吨数、计长及运行速度。

（3）旅客人数，伤亡人数、性别、年龄以及救助情况，是否涉及境外人员伤亡。

（4）货物品名、装载情况，易燃、易爆等危险货物情况。

（5）机车车辆脱轨数量及型号、线路设备损坏程度等情况。

（6）对铁路行车的影响情况。

（7）事故原因的初步判断，事故发生后采取的措施及事故控制情况。

（8）是否需要应急救援等其他事项。

事故报告后，人员伤亡、脱轨辆数、设备损坏等情况发生变化时，应及时补报。

六、事故救援应急出动

（1）应急指挥机构。接到铁路交通事故的报告后，应急机构及其工作人员应以最快的速度做出响应：一是迅速判定事件的性质和严重程度；二是研判事态发展的趋势；三是立即启动相关应急主预案和支持性预案；四是与之对应的应急机构立即进入工作状态，在统一指挥、分工协作的基础上，迅速调集各种应急资源，依靠行政手段，采取有力的应对措施，减少事件损失和负面影响。

（2）公司值班室。接到发生人员伤亡或冲突、脱轨、火灾、爆炸等严重事故报告后，要根据公司领导指示，通知启动相应应急预案，安排相关业务部门领导、安全监察力量赶赴事故现场，组织事故救援和调查处理工作。同时，根据需要立即通知当地急救、医疗卫生部门或公安消防、环境保护等部门。

（3）各生产单位。接到事故的报告后，相关单位要迅速启动应急救援预案。在公司相关部门人员未到达现场前，由生产单位负责指挥现场救援工作。

（4）事故应急救援调度命令发布。接到事故报告后，列车调度员根据需要发布救援列车出动命令和相关命令。

（5）应急救援力量的出动。各专业接到事故通知后，立即出动赶赴现场。

① 救援队要在 20 分钟内出动。救援队所在地发生事故时，救援队应立即出动，无须等待调度命令。

② 接触网工区和接触网检修作业车或接触网抢修列车要在白天 15 分钟、夜间 20 分钟内出动。

③ 救援列车要在 30 分钟内出动。救援列车出动命令，由列车调度员向救援列车值班室、机车调度室下达。在救援列车出动的同时，救援列车配属单位应组织救援先遣队携带便携式救援器具，利用一切可以利用的交通工具，以最快的速度赶赴现场施救。

需要其他铁路公司出动救援列车时，由集团公司发布调度命令。

七、事故现场救援分工

在事故救援中，参加事故救援的单位和人员，按照任务要求，联劳协作，在有效的时间内，采取平行作业或交叉作业的方式，争分夺秒，迅速抢救伤员，恢复铁路畅通，减少事故损失。

（1）列车在区间发生相撞事故时，机车乘务员应及时停车。客车由机车乘务员、乘警负责将伤亡者移出线路；单司机执乘的客车由乘警负责将伤亡者移出线路；货车由机车乘务员负责将伤亡者移出线路。在对伤亡者移动前，要做好现场标记，并立即报告邻近车站。对不能确定死亡的，要立即联系送医救治，尽快恢复正常行车。事故救援中，各参与单位和个人都要妥善保护事故现场以及相关证据，因救援需要改变事故现场时，要做出标记、绘制现场示意图、制作现场视频资料，并做出书面记录。任何单位和个人不得破坏事故现场，不得伪造、隐匿或者毁灭相关证据。

（2）车站站长、公安人员和相关单位人员接到事故报告后，应立即赶赴现场，组织伤员救治和现场勘察；医疗机构到达现场后，确认被撞人员死亡的，应出具死亡证明。对事故造成路外人员死亡，无法找到家属的，由所辖铁路公安派出所负责派人看守，会同相关单位及时组织送往殡仪馆存放（当地无殡仪馆的应就地妥善处理）。

（3）铁路机车车辆在运行中发生火灾、爆炸事故，车站接到报告后，应确认基本情况和准确停车位置，立即向当地消防部门报警，并引导消防车辆现场施救。

（4）救援队接到出动命令后，由救援队长负责组织，利用一切可以利用的交通工具，立即赶赴事故现场进行勘察，确定救援方案，及时汇报，实施救援。在救援列车到达前，由救援队长负责指挥，并按专业完成以下工作：

① 安装电话和信息传输设备，保证事故现场及时接通通信系统。通信联络电话要在 1 小时内架设完成。事故现场图像要在 2 小时内向公司和集团公司传送。

② 协助医护人员救护或转运伤员。

③ 根据需要接通照明、给水设备，保证事故救援作业和救援人员的饮食用水。

④ 电气化区段的接触网工区，要根据需要拆除或拨移影响救援作业的接触网，清除影响作业的障碍物。

⑤ 利用既有设备起复脱轨的机车车辆，搭设必要的设备设施，为进一步实施救援创造条件。

（5）救援列车配属单位领导，要随救援列车赶赴事故现场组织救援。救援列车到达事故现场后，重点做好以下工作：

① 勘察事故现场，迅速拟定救援起复方案，报告现场总指挥。如需要两列以上救援列车或需请求地方救援力量支援时，要及时提请上级调动。

② 救援起复方案确定后，要及时通知参加事故救援工作的有关人员，明确分工，部署任务，并迅速组织起复作业。

③ 在电气化区段需要停电作业时，必须申请停电，接到停电命令，做好轨道起重机接地防护后，方准作业。

④ 事故现场的起复工作，由救援列车主任单一指挥。救援列车主任在执行任务时，有权使用铁路各种通信设备。

⑤ 对装载危险品、易燃品、易爆品、有毒物品、放射性物品的车辆进行起复作业前，必须制定保证人身和作业安全的措施后，方准进行起复作业。

⑥ 事故复旧后，立即报告现场总指挥，通知车站值班员或列车调度员恢复行车。

（6）各专业事故救援组现场救援职责：

① 车务救援组。负责组织有关救援调车作业及列车运行与疏解工作，及时

调动转移起复救援所需的机车、车辆和破损车辆，组织事故车辆装载货物的卸运，组织安置、抢救受伤旅客，收集、清理、看守行包及旅客携带品，并做好旅客的疏散运送工作。

② 机务救援组。负责组织救援起复，制定救援起复方案，组织起复方案的实施，确保起复救援安全。

③ 供电救援组。负责现场照明，请求、确认停送电命令，组织事故现场接触网拆除和恢复，配合做好起复工作。

④ 工务救援组。负责组织尽快抢修恢复线路，配合做好起复工作，组织勘察线路，绘制事故现场示意图。

⑤ 电务救援组。负责组织修复信号通信设备，接通事故现场电话，配合做好起复工作。

⑥ 车辆救援组。负责配合做好车辆起复工作。

⑦ 生活卫生救援组。负责组织抢救和处理事故中受伤人员，安排现场救援人员的生活后勤供应工作。

⑧ 安监、公安及各相关专业救援组，负责组织现场勘察、拍照、摄像等工作，对事故的关系人员进行询问取证，收集有关资料，保存可疑物件和破损实物，调查了解事故现场的有关情况。

提示：事故救援应做到忙而不乱、繁而有序。能拍照的尽量拍照，图片要由远而近，先全景，再特写，要能说明问题，然后尽快恢复通车。

八、救援设备日常维护

救援设备的性能状态稳定是完成救援任务的基本保障。在万吨、两万吨重载列车持续运输的形势下，应加大安全应急设备投入，不断提升救援设备水平，同时加强养护维修，通过精检细修与日常保养，保证救援设备随时处于良好状态。

（1）加强救援设备投入。结合重载铁路运输设备的更新和发展，及时加大救援装备投入，积极采用国内外先进的救援技术、救援机具、无线通信指挥和救援信息传输设备，并逐步改造和淘汰陈旧落后设备、工具，逐步实现救援装备精良化，充分发挥先进救援装备作用。

（2）确保救援设备保养优质。加强轨道起重机设备的日常维修和保养，定期对主、副钩和吊索具进行检查探伤，对使用频繁的机具，要适当缩短探伤周期，确保各种救援机具、无线通信、信息传输设备随时处于良好状态。

（3）加强应急救援基础建设。参照国铁集团救援列车基地建设做法，加强安全应急救援基础建设。建好应急救援设备存放库及办公、培训演练、生产生活场地设施，配齐必需的液压起复设备、液压破拆工具、小型专用复轨器、等离子切割机等救援设施，提升救援设备整体水平。

（4）规范救援器具管理。一要建立健全救援工具、备品保养、检查、存放、使用登记制度。救援工具、备品要集中存放在方便取送的固定地点。工具、备品的名称、数量要在存放地点明示揭挂，指定专人负责，救援队长每月亲自检查试验一次，并做好记录，保证工具、备品处于良好状态。二要及时补充更新。事故救援中，工具、备品发生损坏或消耗，救援结束后要及时核实，列为事故损失费进行解决。由于保管不当造成工具、备品损坏或丢失的，由管理单位负责修理和补充。三要加强救援器具养护维修。定期对救援器具管理情况进行全面检查、试验，特别是工务的切割器具；供电的无齿锯、双轮异向切割锯、手动破拆工具组等要定期检测，及时修复不良器具，确保一旦接到事故救援指令，能充分发挥作用。四是救援列车日常要编组成随时出动状态，连接好专用车辆与救援起重机的制动软管，保证制动机和基础制动装置处于良好状态；救援列车其他设备、液压起复机具、工具、备品配件均应保持状态良好，并严格执行操作和保养工作的规定；救援工具、备品，非事故救援不得使用。

九、总结分析应急救援工作

每次事故救援（演练）结束后，从集团公司到公司及各参与救援的站（车间）、救援队等各级救援组织，都要及时组织召开全体参救（演）人员会，对事故救援工作进行全面总结分析，每个人都要认真总结救援工作的成功经验和挫折教训，对事故应急救援的组织工作进行评价，制定各自岗位今后的改进措施。救援单位在此基础上，深度总结分析，固化成熟的经验做法，修改、充实和完善相关制度措施、应急预案、应急救援流程和作业指导书。总结会重点是深入查找存在的问题，剖析救援失利的原因及教训，制定具体的改进措施，细化到具体岗位、具体人，切实做到参加一次活动、召开一次总结会议，事故救援队伍整体素质上一个台阶、救援水平提高一个档次。

十、规范日常应急管理

针对发生过的应急预案不细、现场组织混乱、救援指挥失误、职工错误操作引发次生事故、物资准备不足等问题，一要健全各项制度，包括岗位责任制、履责质量评价考核、设备日常维护保养、工作制度及流程等，形成配套的闭环管理机制。二要强化事故救援集中统一领导。按照事故救援有关法规及行业标准，现场救援工作要实行总指挥负责制，按事故等级启动相应应急救援预案。三要佩戴标志上岗。铁路事故现场救援，应按规定制作和佩戴标志，如现场总指挥、各专业工作组负责人和各单位负责人及作业人员应佩戴区别明显的标志，便于现场协调指挥。四要严格应急救援工作中调集装备设施、物资材料、交通工具、食宿用品、药品器械等救援物资纪律，明确各单位、部门必须无条件予以支持配合，不得以各种理由推诿拒绝，延误救援工作。五要规范安全应急队伍管理。挑选安全责任意识强、身体素质好、具备一定专业技能的职工进入安全应急救援队伍，加强日常安全思想教育和专业培训，不断提升救援队伍整体素质、装备水平和事故救援能力，适应重载运输形势对应急救援工作的要求。

第六章

突发事件舆情风险管控与引导

突发事件发生后，须依据《中华人民共和国突发事件应对法》、《中华人民共和国安全生产法》、《国家突发公共事件总体应急预案》，以及国家能源集团突发事件应急管理、突发事件舆情管理办法、新闻宣传应急预案等规定，及时进行突发事件舆情风险管控与引导。

国家能源集团及所属各单位开展突发事件舆情风险管控与引导，要充分运用中央企业突发事件媒体运用及调控机制，积极组织开展突发事件舆情风险防范、突发事件舆情风险监测预警、突发事件舆情风险管控与处置、突发事件舆情应对与舆论引导等工作。

一、突发事件舆情风险防范

从舆情内容来看，舆情可以分为常规舆情和突发事件舆情。按互动方向划分，可以将突发事件舆情分为由上及下型、由下及上型、上下互动型；按有无直接利益冲突划分，可以将突发事件舆情分为非直接利益冲突型和直接利益冲突型。突发事件舆情风险防范，就是为了有效地避免突发事件舆情的发生，而在思想、行为等方面采取的各种防范和准备。突发事件舆情风险防范是一种既经济又简便的方法，能够在突发事件舆情未发生之前就及时将其产生根源消除，可以节约大量的人力、物力、财力。

总体来说，突发事件舆情风险防范存在着诸多的薄弱环节，需要结合突发事件舆情产生的原因及舆情的发展规律，建立健全基于舆情研判的突发事件舆情风险防范体系。

第一，培养领导干部突发事件舆情风险防范意识，避免“自我循环”。

领导干部要带头培养突发事件舆情风险的防范意识，这是党着眼时代特点和现阶段社会发展，对突发事件舆情作出的重要战略判断和对各级领导干部提出的任务要求。突发事件舆情是了解民情民意最直接、最便捷的渠道之一，不是传说中的“洪水猛兽”。突发事件舆情是客观存在着的力量，所以不能采取“鸵鸟”策略，对其视而不见，更需要以平常心态去面对。当前，社会进入“大众麦克风时代”，互联网已成为掌握群众舆论动态，了解民意的主要载体。在突发事件应急处置过程中，不可避免地要与网络舆情产生碰撞，如何巧妙地化解二者之间的冲突，成为焦点所在。迫切需要在舆情研判与突发事件舆论引导之间建立无缝隙的、灵敏的、高效的切换机制与对接机制。

领导干部要强化突发事件舆情风险防范意识，提高发现潜在危机事件的敏感度，同时还要加强面对危机时的心理适应能力，镇定从容，正确对待。一方面不能片面地认为突发事件舆情所反映出来的民意便是全部的民众意见，要进行仔细的筛选和甄别，去伪存真，防止被虚假夸张信息所误导；另一方面要构建对外统一的信息发布平台，防止出口不一、自相矛盾的现象出现。

领导干部要不断加强突发事件舆情汇集和分析意识，特别要避免“自我循环”。要明确突发事件舆情汇集和分析重点，加强深度分析。在突发事件的不同阶段，舆情汇集和分析的重点也不同，舆情工作要有针对性。加强突发事件舆情深度分析，要把大量零散的信息贯穿起来，找出普遍性、倾向性、苗头性的东西，拼出舆情信息的“素描图”；通过判断舆情信息变化的基本特征，分析其态势，预测其走向；揭示问题的实质所在，找出这些问题形成的根本原因，提出解决问题，引导舆论的对策建议。要广泛征求意见，避免“自我循环”。

第二，加强突发事件舆情风险隐患排查评估及报告。

突发事件舆情风险隐患排查的目的是查明突发事件舆情中的危险因素，分析导致突发事件舆情的各种因素及其相互关系，以便采取相应措施。在突发事件舆情风险隐患排查的过程中，我们必须意识到，重视网络舆情并不是要让它代替传统的诉求渠道，而是希望其充分发挥监督作用。因此对于网民的非理性，需要进行风险评估，要防止网络被工具化运用，注意区分网络推手与意见领袖，精准识别网络推手，并对其进行有效的遏制。

第三，加强突发事件舆情风险应急教育培训演练。

加强突发事件舆情风险应急教育培训演练，可以借鉴传播学理论知识，规范网络信息传输，以培养媒介素养为核心，使人们具备正确使用媒介和有效利用媒介的能力，并形成对媒介所传递的信息能够理解其意义及独立判断其价值的认知结构。新闻媒体在加强正面舆情引导的同时，也要注意引入和介绍那些与媒体立场和公众利益不一致甚至相反的事实和观点，以便培养公众对谬误事实和错误观点的心理抵抗力，从而无形中强化公众对主流观点的认同。

要充分利用教育、媒体等资源，对突发事件知识及应对技能进行广泛宣传和普及，例如可以开展应急宣传教育培训进机关、进社区、进企业、进学校、进家庭“五进”活动。机关、社区、企业、学校、家庭都是应急管理的重要部位和应急处置的第一线，要结合区域特点和应急工作实际，开展形式多样的公共安全宣教培训演练活动。

二、突发事件舆情风险监测预警

突发事件舆情风险监测预警，需要做好风险监测和信息汇集、舆情分析研判、预警指标统计评测、专家分析、预测评估、预控对策等工作。

第一是突发事件舆情风险监测和信息汇集，根据规划的任务需求，从多种信息渠道来源收集社情民意，并有效进行过滤和存储。建立突发事件舆情风险监测和信息汇集机制的关键在于畅通信息收集渠道，完善舆情收集网络，及时发现舆情危机管理中的盲点、失控点、危险点。应充分发挥先进多媒体技术、网络通信技术的作用，利用网络信息通畅的特点实现对突发事件舆情信息的汇集监测，建立高度灵敏、准确的突发事件舆情信息监测系统。例如随时检测互联网上的信息，BBS 论坛的热点话题，群众上访邮件的汇总处理，通过版面分析工具收集处理报纸新闻，通过文本提取工具对格式化的文本收集整理，分析态势，预测走向，建立和巩固多层次舆情反映网络，全面、准确、及时掌握第一手资料。

第二是突发事件舆情风险分析研判，对收集到的信息素材进行分类、提取关键词、数据挖掘，按照主题重新组织信息并生成舆情信息。做好突发事件舆情风险分析研判工作，需要做到五个分析：（1）来源分析。舆情信息来源广泛，研判人员应首先占有海量信息，第一时间监控和搜集各大网站上的所有舆论信息，对新闻或帖文进行分析与判断，确定其在舆情事件中可能存在的潜在价值。（2）真伪分析。由于信息来源复杂，舆情分析与研判人员必须找出虚假舆情，排除其对真实舆情的干扰，有针对性鉴别，防止在新闻转载或跟帖中出现添油加醋现象，达到透过现象看本质的目的。（3）归类分析。可借鉴国内和本地类似舆情事件的处置经验。（4）指向分析。舆情分析研判的目的在于最后的研判结论，要得到研判的指向需要进行定性与定量的分析与统计，把握量与度的指标，给相关部门提供处置措施和咨询参考意见。（5）矫正分析。舆情分析与研判的结果与实际并不是完全吻合，但对于错误的研判，要对舆情事件本身和舆情的分析研判实施“倒查”制度，即可使舆情处置精确，更有助于提高舆情分析研判人员的工作能力和水平。

第三是突发事件舆情专家分析，借助强大的专家库，运用适当方法与实际结合，注意群众倾向性动态，预测舆情走势。必须建立专家库，充分利用专家的主观判断，通过信息沟通和反馈，达到人机智能化互动，使预测意见逼近实际情况。

第四是突发事件舆情风险预警等级和指标统计评测，根据网络舆情预警的指标数据进行排列综合计分，分析其是否达到临界值。通过设立突发事件舆情风险预警等级，设计预警指标体系，运用 Delphi 法确定指标体系权重，就可以进行深入挖掘与分析从而准确预警。根据舆情的影响力和发展态势，可以将突发事件舆情风险预警等级分为三级：一级（重大）舆情、二级（严重）舆情、三级（一般）舆情。一级舆情是指已经成为社会关注的热点和有可能形成重大网络热点事件的苗头性舆情，或本属于二级舆情，因处置不当，导致发展态势进一步扩大的网络舆情。如中央级媒体关注或报道、国内大型门户网站刊发后引起和可能引起广泛关注的舆情。二级舆情是指网上影响较大、可能会引发网络热点事件的舆情，或本属三级舆情，因处置不当，导致发展态势进一步扩大的网络舆情。如省内媒体关注或报道、地方市内主要网站刊发的容易引起关注和需要协调解决的重大民生诉求等方面的舆情。三级舆情是指市内网站的一般爆料、投诉、普通民生诉求等方面需要及时解决的网络舆情。

第五是突发事件舆情风险预测评估，对已有的突发事件舆情风险信息进行评估，产生新的信息需求，进而规划新的舆情监控重点和开始新的舆情监控。可以利用突发事件舆情风险预警指标的统计、计算结果，分别用报表、柱形图、折线图以及圆饼图等形式对突发事件总体形势、横向、纵向、一些重点和基础指标进行监测、评估。

第六是突发事件舆情风险预控对策实施，根据已发布的舆情预警信号进行预先控制，防止突发事件舆情风险事态进一步扩大，以阻止不良舆情演化扩散。

三、突发事件舆情风险管控与处置

突发事件舆情风险增大后，及时、有效地进行舆情风险管控与处置是关键所在。

第一，加强基于舆情研判的突发事件信息公开和信息发布。

及时、客观、全面、准确地发布权威信息，最大限度地避免、缩小和消除因舆情突发事件造成的各种负面影响，掌握引导舆情的主动权。应搭建网络媒体环境下信息传播的平台，在确保信息公开和信息发布的前提下，加强突发事件舆情信息跟踪研判，实现利益相关群体间的信息互动和交流沟通，从而促进共识意见的达成，帮助化解突发事件。

在确保信息公开和信息发布的前提下，加强突发事件舆情信息跟踪研判，壮大网上正能量。要把握主导，主动发声、正面引导，强化融合传播和交流互动，让正能量始终充盈网络空间。要把控好整体网络舆论，努力营造良好舆论环境。要加强网络媒体管控，推动落实主体责任、主管责任、监管责任，对借机造谣滋事的，要依法打击处理。

第二，加强突发事件舆情状态下的新闻媒体沟通和管理。

作为社会“第四权力”的新闻媒体所具有的强烈的社会公共色彩，使得它承担着提供信息、舆论导向和稳定社会的职责，成为社会心理状态的指示器。针对突发事件舆情状态下的媒体沟通和管理，要强化网络媒介管理，联合大众传媒。运用各种技术手段对突发事件报道和评论的虚假信息、负面信息进行过滤，保证其管理范围内的信息传播的真实性；论坛管理员或版主推出发帖规则，对发布不严肃言论的网民利用技术手段提出警告或者限制其发帖，维护论坛秩序。应当与大众传媒建立互动机制，及时将真实的情况反馈给相关新闻单位，消除谣言，澄清事实。

要提高媒体传播的言论艺术，通过媒体快速传递权威信息，在激发公众情绪中实现危机公关传播的基调统一。媒体应自律，避免恶意炒作。媒体自身要增加责任感，讲究艺术，不断提高危机公关传播的引导水平，树立国家大局意识和国家利益观念，关键时刻要保持冷静，不能在公众群情激愤的感染下失去理智，迷失方向。媒体主动承担应尽的社会责任，满足社会广大公众的信息需求，通过及时客观的报道和正确的舆论引导，增加社会的向心力。

第三，具体来说，国家能源集团及所属各单位要进一步完善突发事件舆情风险管控与处置流程，落实各项管控措施。

在突发事件舆情发生初期，舆情管理的具体执行部门必须做好舆情的控制工作：新闻中心在掌握、研判舆情后，在领导小组的指挥下，落实对舆情的控制举措；新闻中心负责传达和落实领导小组关于控制舆情的各项指令；各子分公司负责本企业所属区域范围内舆情控制的具体工作。突发事件舆情的控制应采取以下措施：了解掌握突发或重大事件详情，密切关注舆情的发展态势，及时向领导小组报告；启动突发事件新闻宣传应急预案，提出舆论引导建议，等待突发事件新闻宣传应急领导小组处置指令的下发；积极寻求上级新闻宣传主管部门、互联网管理部门的支持和网络媒体的配合，防止舆情的进一步扩散；各子分公司、各部门、各直属机构要充分利用互联网等各类舆论阵地宣传公司工作和形象，并根据新闻中心下达的要求，组织网评员积极参与网络互动。

突发事件舆情大规模传播后，舆情管理的具体执行部门必须采取积极措施化解不良影响：领导小组负责组建新闻宣传应急工作组，负责协调新闻宣传主管部门、互联网主管部门、媒体记者和专家队伍和网评员队伍，共同化解负面舆情带来的不利影响；公司负责联络地方新闻宣传主管部门、地方互联网主管部门、当地媒体以及自行组建的网评员队伍，控制舆情发展，主动引导舆论。

突发事件舆情得到有效处置后，要落实专人进行动态跟踪，适时采取应对处置措施，坚决防止舆情复发。在突发事件舆情被消除或趋于平稳后，领导小组要根据舆情的发生、传播和处置情况及时进行总结、梳理、反思，得出规律，吸取经验教训，不断健全完善工作机制。

四、突发事件舆情应对与舆论引导

2018年11月26日，习近平在十九届中央政治局第十次集体学习时讲话强调：当前，干部队伍能力不足、“本领恐慌”问题是比较突出的。比如，面对信息化不断发展，不懂网络规律、走不好网上群众路线、管不好网络阵地、被网络舆论牵着鼻子走，等等。2020年2月23日，习近平在统筹推进新冠肺炎疫情防控和经济社会发展工作部署会议上的讲话指出，在这次疫情防控工作中，一些领导干部的治理能力和专业能力明显跟不上，必须引起高度重视。由此可见，突发事件舆情应对与舆论引导非常重要，提升新时代领导干部突发事件舆情应对与舆论引导能力意义重大。

第一，全媒体时代要充分重视发挥新兴媒体的突发事件舆情引导功能。

习近平多次强调，没有网络安全就没有国家安全；过不了互联网这一关，就过不了长期执政这一关。当前信息无处不在、无所不及、无人不用，全程媒体、全息媒体、全员媒体、全效媒体的全媒体时代不断发展，新兴媒体影响越来越大。新闻客户端和各类社交媒体成为很多干部群众特别是年轻人的第一信息源，而且每个人都可能成为信息源。因此，必须充分重视发挥新兴媒体的突发事件舆情引导功能。

习近平多次强调，各级领导干部特别是高级干部要主动适应信息化要求、强化互联网思维，善于学习和运用互联网。随着5G、大数据、云计算、物联网、人工智能等技术不断发展，移动互联网已经成为信息传播主渠道，移动媒体将进入加速发展新阶段。要发展网站、微博、微信、电子阅报栏、手机报、网络电视、移动互联网等各类新媒体，加强突发事件舆情引导的理念思路、体制机制、方式方法创新，积极发展各种互动式、服务式、体验式突发事件信息服务，在向基层拓展、向楼宇延伸、向群众靠近上继续下功夫，实现突发事件新闻传播的全方位覆盖、全天候延伸、多领域拓展，努力占领新的舆论场。构建网上网下一体、内宣外宣联动的突发事件主流舆论格局，建立以内容建设为根本、先进技术为支撑、创新管理为保障的突发事件全媒体传播体系。

要依法加强新兴媒体管理，坚持党管媒体原则，完善坚持正确导向的突发事件舆论引导工作机制。无论什么形式的媒体，无论网上还是网下，无论大屏还是小屏，都没有法外之地、舆论飞地。要改进和创新正面宣传，完善舆论监督制度，健全重大舆情和突发事件舆论引导机制。持续巩固壮大主流舆论强势，加大突发事件舆论引导力度，推进依法治网。坚持团结稳定鼓劲、正面宣传为主，唱响主旋律、弘扬正能量。坚持正确舆论导向，高度重视传播手段建设和创新，提高突发事件新闻舆论传播力、引导力、影响力、公信力。建立健全网络综合治理体系，加强和创新互联网内容建设，落实互联网企业信息管理主体责任，全面提高突发事件网络治理能力，营造清朗的网络空间。

要提高领导干部善用新兴媒体的技能，避免“瓦釜效应”。面对日益网络化的社会发展趋势和新兴媒体的迅猛发展，领导干部要正确认识和把握新兴媒体的特点和规律，主动接近和善用新兴媒体，主动观察网络舆情和民意的变化，加强运用新兴媒体管理突发事件的能力。利用新兴媒体正面力量的同时，也应充分警惕它可能造成的“瓦釜效应”。所谓“朝议无黄钟，遂使街谈尽瓦釜”，即在缺乏富有意义的重大议程时，由于商业利益驱使或某些不良趣味的诱因，一些卑微、琐细的议题可能造成巨大影响。突发事件当中，常有一些个体炮制的肤浅、偏执甚至虚假的议题，由于小众追捧，网站失察提供平台甚至造谣并推进传播，最终导致大众轻信盲从和广泛传播。应该建立和完善网民举报的受理制度、网络新闻信息公众评议制度，对新兴媒体传播加以监督。

第二，尊重网络传播规律，把握突发事件舆情引导的关键环节。

要尊重网络传播规律，善于利用相关规律做好突发事件舆情引导工作，干预网络诱致进程。要完成新形势下宣传思想工作举旗帜、聚民心、育新人、兴文化、展形象的使命任务，必须科学认识网络传播规律，提高用网治网水平，使互联网这个最大变量变成事业发展的最大增量。要对网络关注的突发事件焦点适时进行变换，引导网络舆论转移突发事件关注点。要加强突发事件舆论引导力，密切关注突发事件舆情动态，实时传递主流声音，有效实现网络意见均衡。

要善于抓住突发事件舆情引导的关键环节，寻求突破与转折。习近平多次强调，正能量是总要求，管得住是硬道理，用得好是真本事。经验表明，突发事件舆情引导的关键环节往往集中在对事件的表态和对事件的定性：表态应当传递一种价值观，一种积极作为、公平公正的态度可以为妥善处置奠定坚实的基础；而定性准确则可以为后期的事件处理提供可供参考的思路。这方面，主流媒体守土有责，更要守土尽责，及时提供更多突发事件的真实客观、观点鲜明的信息内容，牢牢掌握突发事件舆论场主动权和主导权。主流媒体要敢于引导、善于疏导，原则问题要旗帜鲜明、立场坚定，一点都不能含糊。要旗帜鲜明坚持正确的政治方向、舆论导向、价值取向。

要拓宽网络的社情民意表达渠道，使网络成为汇聚突发事件信息与观点的集散地、疏导不满情绪与怨恨表达的减压阀；在多元中立主导，在多样中谋共识，在多变中促和谐，形成突发事件舆论合力。要掌握突发事件消息与意见发布的主动权，做到及时准确、公开透明，重视突发事件的网络舆论引导时效与力度，设计延伸报道与议题置换。要提高网民的网络（媒介）素养，关注网民群体的倾向与网络弱势群体的意见表达。

要在主导、引导、疏导突发事件舆情方面改进工作方式方法，提高突发事件舆情引导的针对性和有效性。要正视突发事件应对存在的问题，公开透明回应群众的关切，对善意的批评、意见、建议认真听取，对借机恶意攻击的坚决依法制止；从而纾解公众疑虑，营造强信心、暖人心、聚民心的舆论氛围。要强化显政，提高突发事件舆情引导的针对性和有效性。要有针对性地开展精神文明教育，在全社会激发正能量、弘扬真善美，教育引导广大群众提高文明素质和自我保护能力。要增强突发事件舆情引导的及时性、针对性、专业性，引导群众增强信心、坚定信心，着力稳定公众情绪。要适应公众获取信息渠道的变化，加快提升主流媒体网上传播能力，提高突发事件新闻舆论工作有效性。

第三，领导干部要掌握突发事件舆情引导的技巧与方法。

做好重点新闻网站建设，强化论坛管理，共同推动突发事件网络舆论的有序发展。重点新闻网站要成为构建舆论的主体力量，主流网络媒体要成为突发事件网络舆论引导的主渠道。要加强主流网站与品牌栏目（论坛）的建设、推介与评选力度，扩大它们的影响力与公信力，形成舆论示范效应，放大主流网络舆论引导或影响非主流网络舆论。要强化论坛管理，共同推动突发事件网络舆论的有序发展。要寻找网络虚拟社区管理的新尝试，培养网络空间里的独立评论员队伍，主动引导突发事件舆情。

抢占舆论制高点，利用网络媒体进行有效的“议程设置”以引导突发事件舆情。这需要各单位在做好自身信息发布的同时，懂得利用各种媒介资源，处理好与媒体的日常关系，在危机爆发时迅速联手传统媒体和新媒体，努力实现媒介议程设置和公众议程设置的重合，从而正确、有效地引导突发事件舆论。首先，在突发事件信息发布上抢占先机，第一时间将真实、权威、公正的信息传递给公众。先入为主，公众比较容易对政府产生信任。其次，与网络媒体、传统媒体合作，设置议题，集中讨论重点，通过专题报道对突发事件做深度报道。媒体议程设置最重要的方式就是设置专题，党委政府应该充分利用各种媒体，将突发事件发生的背景、地点、相关人物、过程、动态和可能产生的影响等第一时间传达给公众，并策划专题报告，引导公众议题。

培养并充分发挥网络意见领袖的突发事件舆情引导作用。要善于发现和培养网络意见领袖。要深入利益相关群体，观察人们在突发事件中的活跃度，寻找网络意见领袖。还要多途径培养具有主流社会认同感的网络舆论领袖。一旦突发事件在网上形成热评，由这些非官方的网络意见领袖积极参与讨论，与网民互动交流，通过网民引导网民，用网民自己的声音引导、感染网民，实现网民的自我教育、自我引导，从而达到事半功倍的效果。通过意见领袖来引导突发事件网络舆论，强化主流舆论，争取中立舆论，孤立反动舆论。同时建立权威人士上网沟通机制，以公共协商与远程民主的精神促成突发事件的解决与理解。

综合利用多个网络舆论引导载体，立体化多渠道展开突发事件舆情疏导工作。要以全新的理念抢占网络舆论阵地，努力建立起运作高效的网络文化建设和管理的体制和机制，保证网络信息互动实现方式多样化、便利化。要培养网上舆论引领员，把突发事件舆情监控与评论引导结合起来；在本地网络舆论平台上强化网络把关，探索突发事件舆情联动创新机制。要宏扬以人为本的价值理念，秉承理性、平和、包容的态度，采取沟通对话的“治理”方式而不是关堵封闭的“控制”方式，有效引导突发事件舆情的良性发展。

总体管控与引导流程见图 6-1。

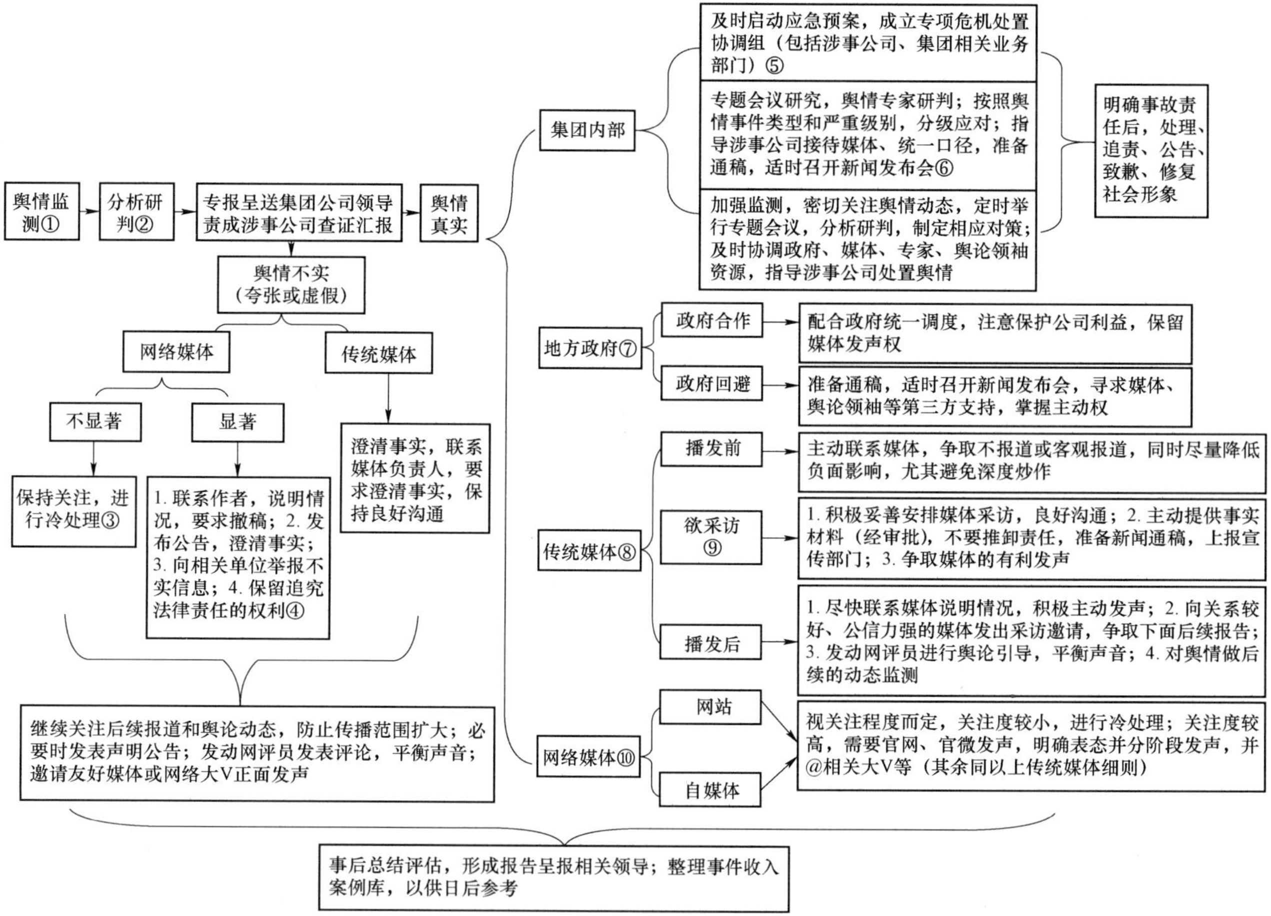

图 6-1　总体管控与引导流程

第七章

铁路安全风险管控及事故案例分析

安全风险管控工作是以安全风险辨识为主要内容，推进关口前移、源头治理、超前防范生产安全事故的重要举措，是构建安全保障体系，依法推进安全生产标准化、规范化建设的重要基础。

一、车务系统典型安全风险管控措施及事故案例分析

（一）行车安全

1. 特殊条件接发车

（1）未正确及时发布限速调度命令，未执行限速调度命令签收、核对、交递规定。

管控措施：一是列车调度员根据现场申请限速公里、速度，及时发布调度命令。二是车站值班员接收限速调度命令后，必须与助理值班员（或信号员）认真核对命令内容和受令处所。三是由车站递交（转达）的调度命令，助理值班员必须与机车乘务员进行双复诵、双核对、双确认，车站值班员在布置发车进路前，须与司机再次确认。四是车站值班人员根据运行揭示调度命令填写揭示板。

（2）未按规定接发超限列车。

管控措施：一是办理超限列车，必须下发开行超限列车的业务通知或电报。

二是列车调度员必须提前下达开行超限列车调度命令，明确运行条件。三是值班干部必须到岗盯控，车站值班员接到调度命令后，必须与助理值班员（信号员）、值班干部认真核对调度命令内容。四是办理超限货物列车时，必须按《站细》规定的线路接发。五是在与邻站办理闭塞（预告）时，通知邻站为超限列车，通过或到达车站必须提前准备布置接车进路。

（3）未按规定接发超长列车。

管控措施：一是列车调度员必须下达调度命令。二是必须按《站细》规定线路接发。三是跨班调度命令必须做好交接签认。四是与接车站办理列车预告（闭塞）、向信号员布置接车进路、通知助理值班员接车时，在车次前应冠以“超长”。

（4）未执行分路不良接发车规定。

管控措施：一是电务人员在车站登记轨道电路分路不良时，须同时在行车室信号操作终端分路不良区段相应位置进行明示（计算机联锁车站须利用分路不良设置功能进行标注）。二是在分路不良区段接发列车时，首先通过《行车日志》或现场确认线路空闲，信号开放后，必须将进路上分路不良区段内的道岔进行单独锁闭。三是当列车或车列（含机车、车辆）经过分路不良区段后进路不解锁、光带不消失时，车站（场）值班员（操纵助理）不准盲目操纵道岔或进行人工解锁，必须确认列车或车列（含机车、车辆）全部出清该区段（包括全部进入或出清分路不良的线路、股道）后，方可按规定办理人工解锁。

2. 改变列车运行方式接发车

（1）违反重载列车紧急制动停车接发车规定。

管控措施：一是得到列车停车的报告后，首先确认是否列车占用丢失，查明停车地点、是否紧急制动停车、是否影响本列运行及邻线行车。二是通知后续列车注意运行，报告列车调度员，登记运统 –46，通知工务部门检查确认，通知值班干部上岗。三是按工务登记的条件，报告列车调度员，组织列车运行。

（2）违反列车严重晃车接发车规定。

管控措施：一是车站值班员接到司机晃车的报告后，立即通知关系车站，通知工务部门检查，报告列车调度员，通知干部上岗，登记运统 –46。二是对后续列车，按列车调度员发布的限速命令办理。三是待工务部门现场检查确认后，按工务登记的条件组织列车运行。四是列车通过限速地段时，司机应加强瞭望，认真确认线路状态，通过限速地段后立即将有关情况报告车站值班员（列车调度员）。车站值班员及时通知关系车站，报告列车调度员。

（3）违反列车由区间退行进站规定。

管控措施：一是接到司机请求退行的报告后，必须问清停车位置及原因、是否影响邻线、是否紧急制动停车。二是报告列车调度员，通知值班干部上岗。当影响邻线时，立即喊停邻线列车，通知邻站。三是必须提前准备好进路，并派胜任人员携带列车无线调度通信设备、简易紧急制动阀在列车尾部领车。退行前，必须按规定试拉和做放风试验。四是退行进站停妥后，报告列车调度员。

（4）违反列车分部运行规定。

管控措施：一是接到司机须分部运行的报告后，立即转告区间内有关列车，在停车原因消除前不得再放行追踪、续行列车。二是报告列车调度员，通知值班干部上岗。做好遗留车辆的防溜和防护工作，正常开放进站信号接入前部车辆。三是确认前部列车到达后，立即报告列车调度员封锁区间。四是根据调度命令向封锁区间发出救援列车将遗留车辆拉回车站。根据列车调度员的命令开通区间，恢复列车运行。

（5）违反双线双方向车站反方向发车（出站信号机正常）规定。

管控措施：一是请求反方向行车的调度命令。两相邻站车站值班员共同确认区间空闲。二是确认控制台上区间监督表示器在灭灯状态，并取得接车站同意。破封使用“允许改方”按钮，排列列车反方向发车进路。三是将调度命令交付司机，可使用电台（语音记录装置必须良好）交令。将列车的发、到时刻通知邻站，记入《行车日志》，并在记事栏内注明“反”字。

（6）违反单机在自动闭塞区间被迫停在调谐区内接发车规定。

管控措施：一是车站值班员得到司机的报告后，立即通知追踪该单机运行的列车停车，并不得再向该区间放行列车。二是车站值班员得到停车的单机由停车位置起动后，通知停车列车注意运行。

（7）违反向封锁区间发出救援列车规定。

管控措施：一是向封锁区间发出救援列车时，不办理行车闭塞手续（如事故现场设有临时线路所时，车站值班员应于发车前，商得线路所值班员的同意）。二是非集中联锁区段单独操纵道岔准备进路，确认进路正确后单独锁闭道岔。三是交递准许进入封锁区间救援的调度命令，遇一切联络电话中断时，车站值班员的命令作为进入区间的许可。

（8）违反紧急停车或机车空转造成钢轨擦伤接发车规定。

管控措施：一是接到司机钢轨擦伤的报告，问清具体的公里数，立即通知后续列车注意运行。二是报告列车调度员，登记《行车设备检查登记簿》，通知工务部门。三是根据工务登记确定的放行列车速度组织行车。

3. 天气不良接发车

（1）未执行暴风雨接发列车规定。

管控措施：一是车站值班员接到有关人员发现险情的报告后，不得再向该区间放行列车，立即报告列车调度员，并通知设备管理单位进行检查。二是因水害封闭的线路开通后，工务部门应根据现场情况确定行车速度，第一趟列车不得放行旅客列车和万吨列车。三是汛期严格执行“扣、停、拦”制度。值班干部监督车站值班员执行天气不良行车办法。

（2）未执行大雪天接发列车规定。

管控措施：一是遇大雪天气接发列车，必须固定接发列车线路。二是优化接发列车、调车作业、机车出入库等作业组织方案和措施。三是组织好道岔除雪工作。

（3）未执行雾天接发列车规定。

管控措施：一是遇天气恶劣，信号机显示距离不足200 m时，司机或车站值班员须立即报告列车调度员，列车调度员应及时发布调度命令，改按天气恶劣难以辨认信号的办法行车。二是车站值班干部必须在行车室等重点行车岗点进行盯控。三是车站值班员严格按《车机联控作业》标准执行车机联控。四是天气转好时，应及时报告列车调度员发布调度命令，恢复正常行车。

4. 非正常安全接发车

（1）未执行列车发生火灾、爆炸接发车规定。

管控措施：一是制定列车发生火灾、爆炸情况下接发车的应急处置预案。二是检查岗位作业指导书处置流程是否到位，抽查日常实训演练情况。三是追踪发生站是否处置正确及时。

（2）未执行发生路外相撞事故处理规定。

管控措施：一是列车司机对事故现场作出记录和标记，将死者移出线路，相关人员将伤者送就近医院抢救，尽快恢复正常行车，并将事故情况报告邻近车站。二是车站接到报告后，应立即报告列车调度员，并通知相关铁路业务部门，共同赶赴现场，组织抢救。

（3）未执行电气化区段有人扒乘列车规定。

管控措施：一是接到报告后，立即了解清楚扒乘位置，报告列车调度员，通知值班干部、供电、公安部门赶赴现场。二是得到供电人员停电并接地的通知和列车调度员发布的“接触网已停电，准许作业人员在设好防护、接好地线后靠近接触网处理故障（作业）”的调度命令后，通知现场人员处理。三是随时向列车调度员报告相关信息并按相关指示办理。

5. 设备故障接发车

（1）未执行列车占用丢失规定。

管控措施：一是通知已进入区间的后续列车立即停车，不再向该区间放行列车；联系占用丢失的列车司机，询问列车位置及现场情况，通知电务部门处理。二是故障消除后，按电务部门登记及调度员指示，通知后续列车司机恢复正常行车。故障暂时无法消除时，按照电务部门登记的行车限制条件放行列车。三是对已进入区间的后续列车，确认列车至前方站间区间空闲后，组织列车逐列恢复运行，指示后续列车恢复运行前必须确认前列已完整到达前方站。区间空闲后，根据电务部门登记组织行车。四是遇站内股道列车占用丢失报警或得到站内列车占用丢失信息时，立即停止使用该故障区段，联系司机询问列车位置和现场情况，通知电务部门处理。经电务部门检查处理后，按照电务部门登记的行车限制条件组织行车。

（2）违反进路不能建立、信号不能开放规定（6502 设备）。

管控措施：一是信号操作人员发现进路不能建立、信号不能开放等异常情况时，禁止盲目操作设备。确认整个控制台所有排列进路表示灯和按钮表示灯显示状态是否异常。二是排列进路表示灯在点亮状态，有关按钮表示灯在“闪光”状态时，应按压“总取消”按钮进行取消操作。三是按钮表示灯在“稳定灯光”状态时，应同时按压“总取消”按钮+点亮“稳定灯光”的按钮进行取消操作。四是仍然不能消除时，按压“总取消”按钮，同时逐个按压该咽喉所有列车按钮、调车按钮进行取消操作（已经建立的正常进路不得盲目取消）。

（3）违反计算机联锁进路不能建立、信号不能开放规定。

管控措施：一是信号操作人员发现进路不能建立、信号不能开放等异常情况时，禁止盲目操作设备，确认系统提示信息。二是按压“清除”键取消当前操作。须确认该进路有关道岔是否“单独锁闭”（“单锁”或“单封”）。确认道岔具备使用条件后解锁（解封）。三是采用上述方法后信号还不能开放时，立即通知有关人员。

（4）违反自动闭塞区间成段更换钢轨造成轨道电路分路不良接发车规定。

管控措施：一是自动闭塞区间成段更换钢轨，电务部门在施工后开通前，须对轨道电路电特性进行测试。轨道电路分路不良时，在车站《行车设备检查登记簿》内登记，车站值班员进行签认后，电务人员再进行施工销点。二是车站值班员确认电路分路不良登记后，立即报告列车调度员，仍按自动闭塞法行车。三是在一、二离去区段换轨产生分路不良时，车站值班员得到工务驻站人员“出清换轨地段”的报告后，方可开放信号放行列车。四是列车通过轨道电路分路不良地段后，经电务人员测试符合标准，应及时销记。

（5）违反站内轨道电路红光带接发车规定。

管控措施：一是报告列车调度员，通知工务、电务、供电及值班干部上岗。二是工务检查确认销记设备正常后，即可办理非正常接发列车。三是故障处理完毕，根据设备部门登记报告列车调度员。

（6）违反区间非列车占用轨道电路红光带接发车规定。

管控措施：一是报告列车调度员，通知工务、电务及值班干部上岗。二是工务、电务部门检查确认后，按照其登记的放行列车条件组织行车。三是故障处理完毕，根据设备部门登记报告列车调度员。

（7）违反道岔失去表示（经扳动试验不能恢复）接发车规定。

管控措施：一是能变更接车线的变更接车线路。不能变更接车线路的，车站值班员通知相关列车机外停车，报告列车调度员，通知工务、电务人员进行检查处理，登记运统－46，通知干部上岗。二是根据工务、电务人员的登记，按列车调度员指示组织行车。三是遇道岔定、反位中一个位置失去表示，工务人员检查确认工务设备良好并在运统－46上登记后，车站值班员根据登记及时报告列车调度员。四是故障处理完毕，根据登记及时报告列车调度员，通知邻站恢复正常行车。

（8）违反钢轨、辙叉、尖轨伤损接发车规定。

管控措施：一是工务部门发现钢轨、辙叉、尖轨伤损等行车设备故障危及行车安全时，必须立即申请封锁更换。二是车站值班员立即扣停相关列车、通知关系车站，并报告列车调度员，通知干部上岗，通知电务部门。三是列车调度员发布调度命令，车站值班员认真审核调度命令，签认运统-46。抢修完毕，根据登记及时报告列车调度员，通知关系车站，根据设备单位的登记组织行车。

（9）违反接触网挂异物接发车规定。

管控措施：一是接到报告时，问清所挂异物处所及是否影响列车运行，报告列车调度员。二是通知后续列车注意运行，登记运统-46，通知供电部门处理，通知值班干部上岗。三是需要列车临时降弓通过时，请求调度命令。四是处理完毕报告列车调度员。

6. 取送车作业

（1）违反高站台、特殊设备线路作业规定。

管控措施：一是加强对站场、专用线、货场（货物线）等调车作业场地设备设施和路料堆放的监督检查。二是排查梳理现场可能造成人身伤害的固定设备设施。三是在车站示意图上对窄路肩、高路基的线路，无电区进入有电区的停车位置，站台、装卸机械、大门、道口等人身安全关键处所进行标注。

（2）违反专用线取送车作业规定。

管控措施：一是调车作业前通知相关单位进行道口（平过道）防护，并做好通知记录。推进车辆通过无人监护道口（平过道）时应一度停车；在有人监护道口（平过道）应确认防护到位、无安全威胁后通过。二是提前检查非集中操纵道岔位置正确、尖轨密贴（设有扳道人员的除外）、大门全开、门钩挂好、线路确无障碍以及停留车情况、货物与钢轨的距离符合规定，通知装卸或检查人员停止工作，撤除防护，并将检查情况汇报调车长。三是推进作业时，按规定使用简易紧急制动阀。

（3）未落实尽头线作业规定。

管控措施：一是尽头线取送车，应距尽头站台、车挡、挡车器预留 10 m 安全距离。二是以不超过 5 km/h 速度靠近尽头站台、车挡、挡车器或连挂车辆，挂好后方准撤除防溜措施。

7. 防溜作业

（1）未落实防溜、撤除防溜安全措施。

管控措施：一是防溜器具应做到器具编号、存放对号、使用对号、交接点号、用后销号，保证数量、质量良好。防溜器具的保管、交接由指定人员负责。二是中间站到发线停留车辆两端采取防溜措施时，按《站细》规定做好防溜。三是车站定时对停留车辆或车列的防溜措施进行检查，并做好记录。四是调车作业中，作业人员安设、撤除防溜器具后，须向调车指挥人报告。

（2）车辆溜逸。

管控措施：一是认真执行《站细》中有关停留车辆的防溜规定，调车作业中必须做到“先防后摘、挂妥再撤”。二是严格落实防拉鞋、防带闸和防闸链紧绷开车安全措施，落实高坡地段防溜及调车作业过程中的动态防溜措施，落实防溜登记、汇报制度。三是调车指挥人未得到防溜措施已撤除的报告，不得指挥机车动车。四是严格落实货场（货物线）、专用线（专用铁路）、段管线防溜交接签认有关规定。五是封存车辆在站停留时须连挂成列，连接车辆软管。按照规定采取“双防溜”措施，并在车列两端距停留车辆不大于 5 m 的位置设置防溜枕木。

（二）劳动安全

1. 上线作业人身安全

（1）上线作业未设防护或防护不到位。

管控措施：一是巡视检查护网（围墙）和现场作业岗点、捡拾垃圾、除草打药、道岔除冰（雪）、现场加解锁道岔、应急处置等是否按规定设置安全防护。二是未按规定携带手持电台和相应防护用品，严禁进入站场内进行作业。三是遇横越线路时，必须联系行车室进行安全防护，现场人员要向行车室汇报具体的位置信息，未得到行车室防护人员准许，不得横越线路，横越线路后立即汇报行车室。

（2）作业人员侵入机车车辆限界。

管控措施：一是车站行车人员接发列车时要及时出场，接车地点固定，不得侵入限界。二是车站作业人员进行试风、处理车辆故障、防溜、撤溜、调车等作业时，落实好互控措施。三是上线作业人员严禁在车底下、车挡处、道心、钢轨、轨枕头、桥梁上、隧道内坐卧休息或避风、雨、雪；严禁在道心、轨枕头、钢轨面、道岔连杆、尖轨上行走。

（3）地面加锁（解锁）作业人员撞轧伤害。

管控措施：一是需对道岔进行地面加锁（解锁）时，必须二人及以上人员方可进行作业，指定其中一人担当专职防护人员。二是防护人员必须手持无线电台等通信工具和防护信号。三是车站值班员必须向现场布置临近通过的车次、时刻，现场作业人员按照车站值班员准许作业的时间段进行加锁（解锁）作业。

2. 调车作业人身伤害

（1）防止机车、车辆撞轧伤害。

管控措施：一是严禁在平车的边（端）部位站立或坐卧。二是推进作业时，原则上领车人员应扒乘在前端第一位车辆，前端第一位车辆不具备扒乘条件时，在保证瞭望的前提下，可顺延一辆扒乘。前两位车辆均不具备扒乘条件时，应附挂具备扒乘条件的车辆或徒步领车。三是在车站示意图上须对窄路肩、高路基的线路，无电区进入有电区的停车位置，站台、装卸机械、大门、道口等人身安全关键处所进行标注。

（2）防止触电伤害。

管控措施：一是在接触网未停电的情况下，作业车辆、机械设备、作业人员及携带物品与接触网带电部分的安全距离必须保持 2 m 以上。二是在接触网未停电的情况下，严禁登上各种机车、车辆顶部进行任何作业，严禁翻越车顶通过线路。三是禁止在接触网支柱上搭挂衣物、攀登支柱或在支柱旁休息。四是当调车作业由无电区域进入有电区域作业前，调车长要进行“无电区进入有电区，注意扒乘位置”的人身安全提示，得到调车作业有关人员依次回示后，方准进入有电区域。

（3）防止高处坠落伤害。

管控措施：一是严禁扒乘运行中的机车、车辆以车代步。二是调车作业人员接班后必须认真检查安全带及安全带挂钩，如有磨损、变形等影响安全使用的情况，应停止使用或立即更换。三是使用人力制动机时（在静止状态下，站在地面或低于车钩中心水平线的人力制动机闸台上使用时除外），必须使用安全带。四是做到“上车先挂钩、下车先摘钩”。不能使用安全带的车辆，如平车、砂石车、罐车等，作业时必须选好站立地点。

（三）事故案例分析

1. 案例一

扫码观看案例视频

行车关键岗位违章作业，操纵信号没有呼唤确认
进路错误盲目指挥发车，错过防止事故最佳时机

2018 年 5 月 22 日，某站发生错办 650 次旅客列车发车进路事故。

（1）事故概况。

2018 年 5 月 22 日，某站Ⅰ场办理 650 次旅客列车发车进路时，因车站值班员和发车端信号员离岗吃饭，替代信号员错将进路排列为下行线反方向，辅助车站值班员未确认发车进路，车站值班员回到岗位后也未确认发车进路，盲目指示发车，导致列车错误开向下行线方向。

（2）原因分析。

替代信号员排列 650 次上行发车进路时，违反普速《技规》第 352 条“信号人员在操纵信号时，认真执行一看、二扳（按）、三确认、四显示（呼唤）制度”的规定，错将进路排向下行线反方向是造成事故的直接原因。

车站值班员未执行《接发列车作业　第 1 部分　双线自动闭塞集中联锁（设信号员）》（TB/T 1500.1—2009）岗位作业技术标准，辅助车站值班员未确认发车进路，车站值班员回到岗位后，对发车进路未确认，盲目指示发车是造成事故的又一原因。

（3）定性定责。

依据《铁路交通事故调查处理规则》第十四条规定，构成铁路交通一般 C（C8）类事故，定该站全部责任。

（4）整改措施建议。

① 车务系统要强化安全关键的检查盯控，对关键作业、关键环节、关键处所、关键时段的作业加强管理，尤其要对旅客列车防错办和调车作业穿越正线

等关键作业加大监督检查的力度。

② 充分发挥监控设备的作用，通过调监控数据回放、车机联控录音等认真分析监控数据，针对规律性、倾向性问题，及时完善安全管控措施并抓好落实。

③ 强化干部职工技术业务培训，针对站场设备情况认真研判安全风险，及时修订完善《站细》或临时行车安全措施，开展行车应急处置的演练活动，提升干部职工业务水平和应急处置能力。

2. 案例二

扫码观看案例视频

专用线调车推进瞭望不彻底
调车机碰撞侵限的筒仓漏斗

2020 年 10 月 12 日，某站专用线调车作业推进车辆运行过程中，与线路上方侵入机车车辆限界的筒仓漏斗碰撞。

（1）事故概况。

2020 年 10 月 12 日 19 时 21 分，某站调车组在煤炭仓储专用线执行第 B04 号调车作业计划，调车机在专用线 1 道以 17 km/h 推进运行过程中，与线路上方侵入机车车辆限界的筒仓漏斗发生碰撞，造成调车机破损。

（2）原因分析。

① 该站调车组领车连接员在无特殊原因的情况下，选取在车列尾部第二位领车，造成领车过程中线路曲线上出现瞭望死角，未及时发现线路上方侵限的筒仓漏斗。违反《行规》第 56 条“调车人员的作业位置”的有关规定，是造成调车相撞事故的直接原因。

② 该站调车组在车列推进作业前，调车长和连接员均未对专用线 1 道的安全状态进行检查确认，未发现筒仓漏斗侵限的安全隐患。违反《行规》第 55 条“调车作业前检查”的有关规定，是造成事故的又一原因。

（3）定性定责。

依据《铁路交通事故调查处理规则》第十五条规定，构成铁路交通一般 D

（D2）类事故，定该站全部责任。

（4）整改措施建议。

① 车站立即开展作业现场的安全隐患排查，针对现场存在的问题隐患建立问题库，并及时修订《站细》《作业指导书》《调车安全管理办法》等相关制度措施，从制度源头健全卡控措施。

② 加强对企业专用线调车作业环境的监督检查，对可能侵入机车车辆限界的筒仓漏斗、抑尘、防冻等设备的工作范围现场进行标识，对存在的安全隐患通知企业进行整改，确保专用线设备设施安全稳定、状态良好。

③ 加强调车组人员的教育培训，对调车作业上下车地点、领车位置、线路状态检查、车辆状态检查等内容进行再学习、再教育，严格落实调车作业的标准制度，确保调车作业人员的人身安全和行车安全。

3. 案例三

减速顶安装高度超标准值
空油罐车通过减速顶脱轨

2015 年 5 月 10 日，某站运转场 61358 次货物列车在 23 道开车后发生脱轨。

（1）事故概况。

2015 年 5 月 10 日 13 时 44 分，某站运转场编组的 61358 次（编组 68 辆、总重 2 710 t、换长 81.1）货物列车在 23 道编发线始发。13 时 48 分，机后 53 位（G_{70K} 6282082）、54 位（G_{70K} 6281940）、56 位（GQ_{70} 6605001）3 辆空罐车在减速顶处脱轨，列车分离后停车。因列车前部进入上下行渡线，车站组织将前部 50 辆车开出，14 时 39 分开通上下行正线，影响正线行车 51 分。

（2）原因分析。

《铁道车辆减速顶》（TB/T 2460—2016）标准规定，减速顶高度安装标准为 58 mm（容许误差值为 +0、−3 mm）。经调查认定，该站运转场 23 道车辆脱轨范围内 41 个减速顶中有 20 个安装高度大于安装标准值规定的 58 mm，最大超标值 +9.5 mm。由此造成车轮与油缸帽头切入角变大，减速顶临界速度降低。减速顶对车轮做功时，油缸帽头作用在车轮上的垂直向上的力变大。61358 次列车编组中的空油罐车通过减速顶时，在油缸帽头作用下轮缘瞬间高于轨面是造成车辆脱轨的直接原因。

（3）定性定责。

依据《铁路交通事故调查处理规则》第十三条规定，构成铁路交通一般 B（B4）类事故，定该站全部责任。

（4）整改措施建议。

① 开展行车设备及作业安全隐患排查整治，重点针对设置减速顶编发线的行车设备，以及编发线行车作业办法开展全面摸底排查，对存在的安全隐患立即整治，确保行车安全。

② 严格按照《铁道车辆减速顶》（TB/T 2460—2016）和《铁道车辆减速顶安装、运用、维修要求》（Q/CR 462—2017）规定，对新安装和更新的减速顶逐个进行检查验收，不符合标准的要立即进行调整，确保安装达标。

③ 加强对驼峰场减速顶、缓行器、停车器等调速设备运用情况的监督检查，发现问题立即责令整改，督促设备管理单位落实相关标准要求。

4. 案例四

违章作业未进行列车贯通试验
制动失效冲入避难线脱轨颠覆

2017 年 7 月 11 日，某物流公司铝矿石运输列车因制动失效放飏，进入避难线脱轨颠覆，造成 6 人死亡。

（1）事故概况。

2017 年 7 月 11 日 21 时 52 分，某物流公司专用铁路 2510 次列车（DF10D-0021 号机车牵引，编组 25 辆，运输货物为铝矿石，总重 2 347.5 t，换长 31.7）因制动失效放扬，以 99 km/h 的速度通过本应停车的车站，进入避难线，机车及机后 16 辆车辆冲出避难线后脱轨，导致 6 人死亡。

（2）原因分析。

2510 次列车开车前，物流公司作业人员违反规定，未连接机车与机后 1 位车辆制动软管，未打开机车和机后 1 位车辆运行方向 1 位端折角塞门，未按规定进行列车制动机试验，在开车前未能发现机车与车辆制动主管没有贯通，列车开车后车辆制动失效，在长大下坡道上放扬是冲入避难线后脱轨颠覆的直接原因。

（3）定性定责。

依据《铁路交通事故应急救援和调查处理条例》第十一条和《铁路交通事故调查处理规则》第十条、第四十九条规定，构成铁路交通较大事故，定该物流公司全部责任。

（4）整改措施建议。

① 全面排查作业现场的安全风险，尤其是高坡地段防溜，道口撞人、撞机动车，危险货物运输，防折角塞门关闭，外部安全环境等方面的安全风险，堵塞安全漏洞。

② 开展安全隐患整治活动，对各类安全隐患明确责任人、整改时限、整治效果，将安全隐患消灭在萌芽状态，绝不能让隐患演变成事故。

③ 严格落实作业标准，全面梳理和完善现场作业标准、岗位职责和《岗位作业指导书》，强化现场作业管控，及时制止和纠正惯性违章行为，弘扬生命至上、安全第一的思想。

5. 案例五

停电施工接触网影响范围不清楚
错排进路电力机车进入停电区域

2018 年 2 月 23 日，某站到达入库机车转线作业时，电力机车带电进入停电区，造成接触网跳闸。

（1）事故概况。

2018 年 2 月 23 日 14 时 32 分—15 时 33 分，某供电段丰西折返段接触网工区组织Ⅲ级施工作业，丰西变电所 219 号馈线停电，包含丰西折返段机 1～机 11、机走 8、联 7 线等线。15 时 16 分，某站Ⅱ场信号员按照车站值班员命令排列 32050 次列车到达本务机车 29 道～D2045 信号机调车进路，计划进丰西折返段，途经已经停电的联 7 线。15 时 19 分，该机车带电越过 2009# 电分段，进入联 7 线停电区，引起 220 号馈线跳闸。15 时 50 分恢复供电。

（2）原因分析。

该站值班员、信号员对本次接触网设备停电施工的影响范围不清楚，对停电时限制行车要求不掌握，盲目排列了Ⅱ场电力机车经由停电区联 7 线的调车进路是导致电力机车带电进入停电区的直接原因。

（3）定性定责。

依据《铁路交通事故调查处理规则》第十四条、第四十九条规定，构成铁路交通一般C（C19）类事故，定该站全部责任。

（4）整改措施建议。

① 加强行车主要岗位人员的教育培训，行车室人员要对车站接触网停电影响范围底数清楚，对不能胜任人员要组织重新培训和考核，确保上岗人员满足作业安全需要。

② 对站场设备较为复杂的站区，认真研判安全风险和管控措施，制定防止错办进路的安全措施和安全提示卡，对现场检查发现的安全隐患，立即制定整改措施，按规定抓好落实。

③ 对重点施工、非正常行车等情况，纳入车务安全检查重点，安排专业管理人员进行检查盯控，对发现的典型问题进行深度分析，确保问题整改到位。

二、客运系统典型安全风险管控措施及事故案例分析

（一）行车安全

1. 旅客人身伤害

（1）进站口、安检口、出站口秩序混乱，造成旅客拥堵踩踏。

管控措施：一是加强对现场设备状态的检查，保证进、出站及安检通道全部正常使用。二是掌握列车运行情况及客流情况，加强旅客引导宣传，组织旅客有序排队，防止扎堆聚集。三是根据客流变化，对旅客集中乘降时间段增加作业人员，增开旅客通道，保证进、出站旅客秩序平稳。四是定期组织突发大客流应急处置演练，提高大客流情况下应急处置能力。

（2）客运乘降组织不力，造成旅客伤害。

管控措施：一是提前掌握列车运行情况、编组情况、上下车人数，做好旅客乘降组织措施的安全预想。二是作业前对客运设备设施质量情况进行检查，确保设备状态良好。三是客运值班员根据客流情况合理安排各岗位作业人员，加强与进站口、列车工作人员的沟通联络，迅速有序地组织旅客乘降。四是提前组织已经上站台旅客按照车厢位置在安全线里进行排队，保证乘降秩序。

（3）站台安全警示标识、照明、广播宣传不到位，旅客侵入安全线造成人身伤害。

管控措施：一是对车次显示屏、广播喇叭、电梯、地面指示标识等设备设施的性能状态进行检查，及时消除设备设施的安全隐患。二是旅客站台候车期间，引导组织旅客按照语音提示或指示标识有序排队候车，广播提示旅客严禁侵入安全线造成人身伤害。三是站台两端设置安全标识或安排专人维护秩序，防止旅客在站台端部走下站台进入线路，发生人身伤害。四是开车前，及时清理站台未出站旅客或闲杂人员，消除安全隐患。

（4）客运设备设施维护不到位，造成旅客伤害。

管控措施：一是加强客运站房及站台设备设施的巡视检查，发现故障或安全隐患及时报修，在故障或隐患消除前设置隔离防护或安排专人看守。二是定期对客运站房及站台设备设施进行巡检、维保，确保设备正常使用。三是设备管理部门对客运站房及站台设备设施隐患第一时间进行修复，如无法修复，应与使用部门进行沟通，提前制定过渡期间的旅客乘降安全措施。

2. 客运组织耽误列车

（1）未及时组织旅客上车，列车起动时旅客抓车、扒车。

管控措施：一是客运值班员和进站口、站台客运员提前掌握上下车旅客人数，当人员较多时，采取“先组织下车旅客出站，再放行进站旅客”的措施，防止发生站台旅客对流。二是进站口加强与站台客运员的联控，合理确定开车前停止放行旅客的时间，站台开车铃响后，进站口不得再放行旅客进站。三是站台作业时，组织旅客提前按照车厢号排队，列车停稳后组织旅客上车，确认旅客乘降完毕后，方可联控开车。四是站台客运员重点盯控进站口、地道口、进站通道，发现滞留旅客立即问明原因，做好旅客乘降组织。

（2）旅客乘降组织不力，造成列车晚点。

管控措施：一是掌握列车运行、编组情况，以及当日上、下车旅客人数，遇有大客流时做好人员分工及安全预想。二是合理掌握进站口旅客放行时机，站台客运员提前按照车厢号组织旅客有序排队候车。三是严禁无票旅客或非本次列车旅客进站。四是提前与列车长联系，掌握列车内实际客流情况，合理分散上车旅客。

（二）劳动安全

1. 防止机车、车辆撞轧人身伤害

（1）防护体系不健全上线作业。

管控措施：一是上线作业前，建立可靠的安全防护体系，所有作业人员要穿着带反光标识的防护服（防护坎肩）。二是驻站防护员与现场防护员、作业负责人相互确认安全防护措施到位，并得到车站值班员准许后，方准安排上线作业。三是上线作业过程中，现场防护员与驻站防护员保持3～5分钟联络一次，驻站防护员向现场防护员通报列车运行情况，凡联络中断或联络困难时，一律视为有车接近，现场防护员通知所有人员立即停止作业并下道避车。四是旅客列车上水员在作业时不得侵入邻线，邻线有列车通过时，禁止在列车通过侧上水作业。

（2）违反横越线路有关规定，在运行中的列车前抢越线路。

管控措施：一是严禁钻车、跳车和抢越线路，遇天气不良时，更应注意来往的机车、车辆。二是横越线路时，必须执行“一站、二看、三通过”制度，并注意机车、车辆动态及脚下有无障碍物等。横越线路时不准脚踏钢轨面、道岔连接杆、尖轨、可动心辙岔等处所。三是横越有机车、车辆停留的线路时，必须先确认机车、车辆暂不移动，然后在距该机车、车辆 10 m 以外绕行。四是沿线路行走时，严禁走道心、轨枕头和侵入限界。严禁扒乘机车、车辆和以车代步。

（3）整修站场内客运设备设施时作业人员侵限，被机车、车辆撞轧。

管控措施：一是站场内施工、维修作业按照批准的时间、地点、项目内容作业，严禁无计划或超范围施工、维修作业。二是施工、维修作业须建立可靠的安全防护体系，按照规定设置驻站防护员、现场防护员，规范联控时机和联控用语。三是现场作业人员、施工机具、料具不得侵入邻线限界，遇有列车通过时提前采取避车措施，严禁跨越线路或单人远离作业群体避车。四是施工、维修作业前制定施工方案和人身安全互控联防措施，经审核批准后方可进行施工作业。

2. 防触电伤害

（1）客运设备设施检修作业过程中触电伤害。

管控措施：一是制定设备检修作业方案及防触电安全措施，作业过程中安排专人监护，防止触碰带电体。二是在距接触网带电部分不足 2 m 的建筑物作

业时，接触网必须停电，由供电部门验电和装设可靠的临时接地线，并设专人监护。三是在电器具出现异常情况时，应先切断电源，再做处理。严禁赤手切断电源开关，电器具的外壳、手柄开关、机械防护等部位有破损或接触不良时，应及时修理，未经修复不准使用。四是室外进行电器具检测时，遇五级以上大风、雨雾天气，必须停止工作。

（2）电气化区段处理列车顶部闲杂人员造成客运人员触电伤害。

管控措施：一是在接触网带电情况下，严禁登上车顶处理扒车人员或物体。二是发现列车顶部有闲杂人员时，车站值班员立即通知供电部门停电，严格按照相关规定办理停电手续并做好安全防护措施后方能登上车顶。三是客运人员登上车顶后做好自身安全防护，防止高处坠落事故发生。四是开展旅客乘降组织非正常情况的处置演练，提高应急处置能力。

（三）消防安全

1. 易燃易爆危险品安全隐患

（1）旅客携带品未过机安检或开包检查。

管控措施：一是安检通道上值机员、手检员、处置员、引导员分工明确，责任落实到位，保证无旅客漏检。二是严格落实工作措施，落实“逢包必检、逢人必查、逢液必查、逢疑必问”工作要求。三是值机员应取得安检仪值机资格证，对过机安检发现的可疑物品，通知处置员开箱（包）检查。四是处置员手工开箱（包）检查发现可疑物品后，应迅速采取措施进行先期处置，并报告安检组长、客运值班员、车站公安。

（2）旅客安检收缴的危险品未及时处理。

管控措施：一是根据国家相关法律法规要求，正确处置安检查危收缴的危险物品。二是通过广播或警示标识向旅客宣传法律常识，告知旅客携带危险品乘车的危害性。三是安检人员准确登记、填报安检查获的危险物品，按规定为旅客办理危险物品暂存登记。四是安检危险物品储物箱中整齐码放安检收缴的危险物品，并及时办理移交手续。

2. 客运站消防安全隐患

（1）候车室消防安全管理不到位。

管控措施：一是客运站候车室实行定点定时防火巡查，建立巡查记录。二是明确候车室防火巡查重点内容及要求，确定巡查人员、部位、频次和时段。三是客运车站候车室的耐火等级、防火分区、安全疏散、防烟排烟及消防设施、器材的配备等应符合国家建筑设计防火规范有关要求。安全疏散出口、通道的数量和宽度应满足最多聚集人员的疏散要求。四是客运站候车室区域内严禁开设公共娱乐场所，站房其他区域开设公共娱乐场所应设置独立的防火分区。

（2）消防设施和器材未按规定配备或定期检验。

管控措施：一是消防设施和器材的选购、安装、配置、保养、维护、检查、检测应符合国家相关规定。严禁购置、使用不合格或者明令淘汰的消防产品。二是灭火器应按国家及行业技术标准进行定期维护保养，发现损坏、失效、报废的灭火器材应委托具有相应消防技术服务机构资质的机构维修、购置或报废。三是车站应急照明、疏散指示标志应按消防技术规范安装，保证完好有效。疏散通道、疏散楼梯及疏散门前，应当保持畅通，禁止侵占或堆放杂物。四是每月利用末端试水装置对消防自动喷淋系统进行一次放水试验，室内、室外消火栓每季度进行一次放水抽验，检查相关设备器材是否齐全完好，无漏水。

3. 站车火灾扑救

（1）列车在站停留期间发生火灾应急处置不力。

管控措施：一是车站值班员立即通知供电部门停电，供电部门加挂接地线并采取安全防护措施后，方可用水或登上车顶灭火。二是迅速组织人员扑救火灾、疏散旅客、抢救伤员，指派专人接应引导消防救援车辆。三是距牵引供电设备带电部分不足 4 m 的燃着物体，使用水或灭火器灭火时，牵引供电设备必须停电。距牵引供电设备带电部分超过 2 m 的燃着物体，使用沙土灭火时，牵引供电设备可不停电，但须保持灭火机具及沙土等与带电部分的距离在 2 m 以上。四是定期组织开展消防安全演练，提高应急处置能力。

（2）候车室冒烟、起火应急处置不力。

管控措施：一是发现冒烟、起火后，立即组织旅客疏散，使用就近地点的灭火器、消火栓灭火。二是如火情无法控制，立即拨打 119 报警电话，指派专人接应引导消防救援车辆。三是密切关注火情变化，做好候车室内旅客的应急疏散组织工作，有序引导旅客撤离至安全地点，撤离过程中防止出现人员对流、踩踏。四是定期组织开展消防安全演练，提高应急处置能力。

（四）事故案例分析

1. 案例一

扫码观看案例视频

接触网停电安全措施确认不到位
盲目登上列车顶部造成触电伤害

2017 年 4 月 16 日，某站客运人员在接触网停电未加挂接地线的情况下，盲目登上车顶处置扒乘人员，造成客运人员感应电触电。

（1）事故概况。

2017 年 4 月 16 日 4 时 39 分，K1061 次客车在某站 7 道停车后，车站反映 5 号车厢顶部有人，办理停电手续后，该站 4 名客运人员登上列车顶部处置扒乘人员时，被感应电击中坠落车下，造成 1 人死亡、3 人受伤。

（2）原因分析。

该站办理接触网停电手续后，在确认供电部门是否加挂地线并采取可靠的安全防护措施前，客运人员盲目登上车顶是造成人身伤害事故的直接原因。

（3）定性定责。

依据《铁路交通事故调查处理规则》第十三条规定，构成铁路交通一般 B（B1）类事故，定该站全部责任。

（4）整改措施建议。

① 需要在电气化区段接触网下登上电力机车和列车顶部作业，严格按照相关规定办理停电手续，采取停电、验电、接地线和消除感应电的安全技术措施后，方可进行作业。

② 恶劣天气和邻近、上跨电线路等易产生感应电的处所作业时，要采取可靠的防感应电安全措施，根据感应电压的强弱增加接地线组数，接地线在作业地点两端设置。

③ 开展触电伤害事故案例警示教育，吸取感应电伤害事故教训，组织事故预防和应急处置演练，切实提高作业人员电气化区段的安全技能和综合素质。

2. 案例二

没有确认旅客全部上下完毕
盲目发车后列车长拉阀停车

2018 年 3 月 9 日，某客运站发生一起客运值班员、外勤助理值班员盲目臆测客运作业组织完毕，造成旅客列车站内二次停车铁路交通事故。

（1）事故概况。

2018 年 3 月 9 日 7 时 20 分，T232 次停于某客运站 2 站台办理客运业务。7 时 22 分 30 秒，站台客运值班员向外勤助理值班员汇报 T232 次Ⅱ道客运作业完毕。7 时 22 分 40 秒，外勤助理值班员确认旅客乘降完毕后向司机显示发车手信号。7 时 22 分 55 秒，列车起动后，又有 7 名旅客先后从列车尾部 3 号车厢下车，其中 2 名旅客相继上车。7 时 23 分，列车长使用 12 车紧急制动阀拉阀停车，列车走行 91 m 后停于站内上行正线 K150+360 处，停车后又有 2 名旅客从 3 号车厢下车。7 时 35 分，车站重新组织发车。

（2）原因分析。

该客运站客运值班员在没有得到列车尾部客运员汇报客运作业完毕的情况下，盲目与外勤助理值班员联控客运作业完毕。外勤助理值班员没有守住旅客列车发车的最后一道关卡，确认不彻底，在安全线内仍有旅客和列车工作人员的情况下，发出开车信号是造成事故的直接原因。

该站 2 月 24 日接到客调命令 T232 次列车扩编至 19 辆，车站没有根据客运站台只有 450 m，列车尾部车厢有可能靠不上站台的实际情况制定切实可行的安全卡控措施是造成事故的间接原因。

（3）定性定责。

依据《铁路交通事故调查处理规则》第十五条规定，构成铁路交通一般 D（D10）类事故，定该站全部责任。

（4）整改措施建议。

① 遇旅客列车编组超过图定编组时，车站要进行重点布置，制定具体的组织方案，做到清楚作业岗点、清楚作业内容、清楚互控部位、清楚应急处置要

点，接发列车时必须安排值班干部现场盯控。

② 明确站台客运人员之间、站台客运人员和客运值班员、客运值班员与外勤助理值班员之间的联控方式、联控时机、联控用语。

③ 站台工作人员发现列车起动后仍有旅客下车时，应按照“先防护、后处置、再汇报”的处置原则，迅速叫停正在运行的列车，确保旅客人身安全。

3. 案例三

列车乘务人员还未全部上车
客运人员盲目通知司机发车

2018 年 11 月 17 日，某站发生一起列车乘务人员未上车、列车即开车事故。

（1）事故概况。

2018 年 11 月 17 日 14 时 29 分，K280 次列车于某站 4 道停车（图定 13 时 49 分到，13 时 51 分开）。14 时 31 分，客运人员在未确认列车乘务人员全部上车的情况下通知司机旅客乘降完毕。列车起动后，司机后部瞭望时发现有列车乘务人员跟车跑动后立即停车。14 时 38 分，列车乘务人员上车后开车。

（2）原因分析。

该站客运人员在 K280 次列车乘务人员未全部上车的情况下，盲目用电台通知司机旅客乘降完毕可以发车是造成列车起动后再次停车的直接原因。

（3）定性定责。

依据《铁路交通事故调查处理规则》第十五条规定，构成铁路交通一般 D（D10）类事故，定该站全部责任。

（4）整改措施建议。

① 加强对客车安全的风险研判工作，规范客车晚点的作业组织程序，研究制定站车联劳协作、车站发车组织等方面的安全卡控措施。

② 进一步规范旅客乘降组织工作，车站客运人员与列车乘务人员加强沟通和协调，作业过程中做到安全互控，共同确保旅客、车站客运人员、列车乘务人员的人身安全和行车安全。

③ 开展旅客乘降组织、大客流组织、晚点列车组织等方面的应急演练，实现客运规章与现实安全的有机结合，提高非正常情况下的应急处置能力。

4. 案例四

旅客行为异常，没有采取有效监管措施
强行攀爬列车，临时停车处理扒乘人员

2020 年 5 月 9 日，T560 次旅客列车因闲杂人员扒车，于前方站停车处理耽误列车正常运行。

（1）事故概况。

2020 年 5 月 9 日 4 时 5 分，T560 次旅客列车行至某 TVDS 探测站，动态检车员发现机后 6/7 位车挡左侧车梯处有一名扒乘人员，通知调度扣停列车。T560 次旅客列车 4 时 10 分于前方站临时停车处理，扒乘人员交铁路公安处理。4 时 54 分开，影响本列。

（2）原因分析。

扒乘人员李某持 T220 次甲站至中途某站客票，5 月 9 日 1 时 30 分列车到达中途某站，扒乘人员李某下车后欲无票至另一站台乘坐 T560 次，车站工作人员发现李某欲无票乘车时，劝阻李某出站再行购票进站乘车。李某在车站工作人员组织旅客乘降过程中，跳下站台跨越 3 条股道至另一站台后，扒乘 T560 次旅客列车机后 6/7 位车挡左侧车梯处。

该站对出站旅客监管不到位，对行为异常旅客缺少有效的监控手段，站车秩序管理混乱是事故发生的直接原因。

（3）定性定责。

依据《铁路交通事故调查处理规则》第十五条规定，构成铁路交通一般 D（D10）类事故，定该站全部责任。

（4）整改措施建议。

① 车站加强站场巡视检查力度，发现行为异常人员要详细了解具体情况，妥善安置行为异常人员，必要时通知公安部门处理。

② 加强进出站旅客的乘降组织工作，通过现场观察、视频监控等手段时刻关注进出站旅客的实时动态，组织引导旅客及时出站，减少旅客在站台逗留时间。

③ 规范接发列车作业标准，外勤助理值班员要认真监视列车运行情况，发现车门开放、旅客扒车等异常情况后，果断采取应急处置措施。

5. 案例五

客运员自身安全防护意识不强
被旅客挤下站台造成人身伤害

2018 年 2 月 10 日 6 时 9 分，某站一名客运员在组织旅客乘降的过程中，由站台坠落至客车风挡的连接处，造成身体多处骨折构成重伤。

（1）事故概况。

2018 年 2 月 10 日 6 时 9 分，某站组织 T223 次旅客乘降，因上下车旅客较多，造成车门处旅客人多拥挤，车站一名客运员背对站台在站台边缘组织旅客排队上车，被旅客挤下站台坠落至客车风挡连接处，经医院诊断头部外伤、三根肋骨骨折、左手腕部骨折。

（2）原因分析。

该站客运组织流程不严密，对突发大客流情况没有制定有针对性的安全卡控措施，该名客运员没有正确研判作业环境存在的安全风险，站位不当、违章背对站台组织旅客乘降是造成人身伤害事故的直接原因。

（3）定性定责。

依据《铁路交通事故调查处理规则》第十三条规定，构成铁路交通一般 B（B2）类事故，定该站全部责任。

（4）整改措施建议。

① 车站提前掌握列车运行情况、编组情况、上下车人数，做好旅客乘降组织措施的安全预想。遇有大客流情况时，增加站台客运人员数量，合理安排各岗位作业人员，加强与进站口、列车工作人员的沟通联络，迅速有序地组织旅客乘降。

② 加强与列车长沟通联系，了解掌握列车内实际客流情况，合理分散上车旅客，列车到站前组织旅客按照车厢位置在安全线里进行排队，保证乘降秩序。

③ 各岗位作业人员首先确保作业环境周围的设备、设施没有安全隐患，在保证自身全的前提下组织旅客乘降工作，作业过程中防止发生高处坠落、踩踏伤害、机车车辆撞轧伤害。

三、货运系统典型安全风险管控措施及事故案例分析

（一）行车安全

1. 装载质量影响行车安全

（1）超限货物按非超限货物办理或超限等级不符。

管控措施：一是制定或完善超限货物运输有关规定，从超限货物受理、承运环节进行管控。二是严格审核超限货物运输方案，按照装载加固方案装车，落实签认制度。三是通知超限货物运行区段有关车站，按照超限货物运输要求做好接发列车和卸车组织工作。

（2）无装载加固方案装车或未按装载加固方案装车。

管控措施：一是建立《装载加固方案管理台账》，包括装车站、货物规格、方案号、批准文号、批准日期等信息，遇有变化及时修订完善。各装车地点对装载加固方案实行明示化管理。二是根据批复的暂行方案或试运方案首次装车时，专业管理人员必须到现场检查指导。首次使用定型方案装车或超过半年未使用的定型方案、暂行方案再次装车时，专业管理人员必须到现场检查指导。三是按照装载加固方案装车的货物，必须严格落实重点货物签认制度。

（3）货物装载发生严重超偏载。

管控措施：一是按方案装载的货物，严格落实装车方案，按规定使用装载加固材料及装置。二是散堆装货物装车前认真检查车体状态，做好车辆缝隙封堵。三是装车时按规定使用货运计量安全检测设备（铲车磅、轨道衡等）卡控好货物重量，防止超载。四是装车后按规定平整货物顶面。

（4）卸车未卸净发生严重偏载。

管控措施：一是卸车作业结束后，货运人员必须逐车对车辆卸空状态进行检查确认，发现残留货物时立即扣车或组织装卸人员清理残留货物。二是超偏载仪发现卸空车偏载时，立即采取扣车措施，安排货运、装卸人员进行检查核对。三是专用线办理交接的卸空车，应与企业共同制定卸空车安全检查制度和交接检查办法，保证卸空车辆状态良好。

（5）装载货物发生脱垂、悬挂。

管控措施：一是装载轮式、履带式走行机械类货物以及易于旋转、脱落、脱垂、吊挂、开放的货物时，托运人须认真检查确认锁闭状态，并向装车站提供“铁路运输货物锁闭状态保证书”。二是装车后，货运人员按规定落实装车后“三检”制度，对易于旋转、脱落、脱垂、吊挂、开放等重点部位进行检查确认。三是沿途各站加强对装载货物的交接检查，发现装载安全隐患立即扣车整修。

（6）车体残留物击打运行中的列车。

管控措施：一是根据残留物清理流程、作业标准，完善相关岗位作业指导书，明确残留物清理作业的检查卡控项点和关键。二是装卸车作业完毕后，及时将车体外墙、端侧墙顶部、端部横梁、车门搭扣、丁字铁、车梯、车钩、手闸台上等处所清扫干净，无残留物。三是专用线交接检查时，货运人员应与企业运输员共同出场对车辆状态进行交接检查确认。

2. 危险货物影响行车安全

（1）违反危险货物装载规定发生爆炸、起火。

管控措施：一是落实危险货物装载安全有关规定，防控危险货物发生爆炸、起火等安全隐患。二是完善专用线运输协议和危险货物运输安全协议，明确路企双方的安全责任。三是对按规定需要编组隔离、禁止溜放或限速连挂的货车，危险品办理站应在货车两侧插放货车表示牌，由到站卸后撤除。

（2）非危险货物办理站受理承运危险货物按普通货物办理。

管控措施：一是承运货物时，认真检查货物的品名、重量、数量等与运单记载是否一致，防止匿报、谎报货物的品名、性质、重量，或在普通货物中夹带危险货物。二是对物化性质不明的货物要求托运人委托国家安全生产监督管理部门认定的检测鉴定机构进行性质技术鉴定，出具鉴定报告。属于危险货物时，严禁承运。经鉴定属于普通货物时，托运人应向货运办理站提交鉴定报告和铁路货物运输技术说明书，由货运办理站逐级上报，经审核同意后方可办理运输。

（二）劳动安全

1. 装卸作业人身伤害

（1）未按规定安撤装卸作业防护信号。

管控措施：一是安设装卸作业防护信号前，装卸工组应征得监装卸货运员同意，做好登记后方可按规定安设装卸作业防护信号。监装卸货运员应对作业线路防护信号装置的安设情况进行现场检查，确认无误后在《装卸作业防护信号装置安、撤签认簿》签认。二是线路上所有装卸作业完成后，最后完成作业的装卸作业工组长通知监装卸货运员，由监装卸货运员现场确认已完成作业，车辆、线路良好，无侵限工、机具等影响机车、车辆运行的情况，作业工组方可安排专人撤除装卸作业防护信号，并及时做好登记。三是监装卸货运员应对作业线路装卸作业防护信号装置的撤除情况在现场进行检查，确认安全后，在《装卸作业防护信号装置安、撤签认簿》上签认。

（2）高处坠落伤害。

管控措施：一是高处作业人员须佩戴安全帽、安全带（有防护栏除外），鞋底须有防滑措施。患禁忌症人员，不得从事高处作业。二是遇有 6 级及以上大风、雷暴雨天气，禁止露天高处作业。三是敞车旁安设梯子装卸轻浮货物以及揭苫篷布时，上下梯子必须有人防护。梯子上有人时，不准移动梯子。梯子必须坚实，不得缺层，梯子底部应有防滑措施，梯阶间距不大于 0.4 m。四是高处作业必须蹬稳抓牢，不得双脚站在车帮上。高处多人联合操作时，应执行呼唤应答确认制度，动作必须协调一致。

（3）触电伤害。

管控措施：一是装卸作业必须在无接触网线路或线路两端设有安全作业标的指定线路上的安全区域内停电进行。二是在带电的接触网下，严禁整理货物。不准在敞车、平车、罐车等车辆顶部进行装卸货物、整理货物、揭苫篷布、拴解绳索、开关罐车车顶盖等作业。三是在带电接触网下人员及所持物体禁止超过车帮和棚车车窗上沿。严禁站在棚车、敞车等高手制动机制动台上作业。禁止用非绝缘杆尺测量货物高度。四是在接触网未停电和采取可靠的接地措施前，禁止吊车的吊臂在接触网下伸臂、举升和转动。

（4）机车、车辆撞轧伤害。

管控措施：一是遇必须横越机车、车辆时，严禁钻车，应先确认机车、车辆暂不移动，再从车门处、通过台或由车钩上越过，要抓紧蹬稳，不要踢开提钩杆或踢闭折角塞门，并注意邻线有无机车、车辆运行。二是严禁在钢轨上、轨枕头、车底下、道心、车端部、站台边站立、坐卧，避风、雨、雪或乘凉。三是货运人员在到发线或在相邻到发线一侧进行作业时，必须采取相应的人身安全防护措施，作业时要随时提高警惕，严禁侵入邻线限界。

2. 特种设备作业事故

（1）特种设备未经定期检验或检验不合格。

管控措施：一是按照特种设备安全技术规范要求，根据检验周期制订检验计划并组织实施。二是特种设备检验合格有效期届满前一个月，向特种设备检验机构提出定期检验要求。未经检验或检验不合格的特种设备不得继续使用。三是确定特种设备管理部门，设置专（兼）职管理人员，建立健全安全技术档案。四是做好特种设备的日常巡检，及时发现和处理安全隐患。按照国家颁布的维护保养周期，对不同类别的在用特种设备进行自行检查和日常维护保养，并做好记录。

（2）起重机械状态不良。

管控措施：一是起重设备作业人员经过专门培训，取得特种作业人员操作证，无证人员严禁操作起重机械。二是将起重机械设备状态纳入日常交接班内容，做到交清接明。三是起重机械出入库时，司机必须对所驾驶的起重机械进行自检，逐机构试验运转情况，确保技术状态良好。四是严格落实起重机械维护保养制度，定期对起重机械进行擦洗、润滑，对起重机械的易磨损部位逐项进行检查、调试。

（3）门吊作业违反“十不吊”规定。

管控措施：一是门吊司机必须持特种作业人员操作证上岗，非专业操作人员，不得擅自操作起重机械。二是严禁用起重机斜拉、斜吊和起吊超重或埋藏于地下的物体；对重量不明、简化挂索、捆绑不牢的物体不得进行起吊作业。三是门吊负荷超过70%额定能力时，禁止同时进行两种及以上操作。运行方向逆变时须停车，不得以倒车代替制动（危及安全的紧急情况除外），也不可长时间以低速挡作业。四是作业时，吊钩和吊起的货物禁止从人员或贵重物品上空通过，距运移线内的最高障碍物保持0.5 m以上距离。五是装卸集装箱时，必须使用集装箱吊具。装卸集装箱平车（F-TR锁）时，应先以低速挡点动起升100 mm左右，确认集装箱角件孔与车辆锁头分离后，方可继续起升。集装箱角件孔与车辆角座连挂、卡死时，应立即停车，落箱后点动缓钩排除。起吊过程中负荷突然加大，应立即停车，通知辅助人员检查处理，严禁臆测起吊。

（三）消防安全

1. 货场消防安全

管控措施：一是各类集中存放货物、物资的仓库（包括货场、货物站台）应严格执行《仓库防火安全管理规则》，其存储货物、物资按照不同的火灾危险性，依照国家有关规定分类管理。二是入库、入场前应查明物品性质，专人查验确定无火种隐患后，方准入库进场，按规定存放、搬运。三是货物、物资仓库的电气装置，应符合国家有关电气设计规范和施工安装验收标准的规定。危险货物仓库、油库的电气、防雷装置，应符合《爆炸和危险环境电力装置设计规范》及《建筑物防雷设计规范》等规定。安装、使用电器产品、燃气用具和敷设电气线路、管线应定期维护保养、检测。四是仓库、货场等物资集中场所应设置醒目的防火标志，严禁吸烟和燃放烟花爆竹。进入上述场所的机动车辆及人员应采取防火安全措施。五是电动车辆（包括电动车辆电池）应停放在指定安全地点，充电时应当确保安全。严禁在人员密集场所、易燃易爆危险场所和其他消防重点场所的重点部位，涉及生产生活的建（构）筑物内房间和公共走道、楼梯间、安全出口处等公共区域停放或充电。

2. 危险货物装卸作业安全

管控措施：一是作业前，货运员应向装卸班组交代货物的品名、性质、灭火方法等有关安全注意事项，并在装卸作业现场设置警示牌，配备必要的消防器材。二是作业时，严格执行《铁路危险货物运输管理规则》中有关防火安全的规定。三是作业后，作业人员应对货物码放状态、码放区域电源关闭情况进行检查，确认无异状方可离开。四是货场装卸作业，严禁使用明火照明，对经常办理爆炸品、氧化剂、一级易燃液体货物的车站应备有铜质和木质的工具以及防爆型灯具。

3. 危险货物运输安全

管控措施：一是承运、装卸易燃易爆危险货物应当严格执行《铁路危险货物运输管理规则》中有关防火安全的规定，装载易燃液体、液化气体的罐车及其他装载化学危险货物的车辆，必须符合危险货物运输的有关规定。二是承运危险货物时货运部门应严格查验托运人的资质，危险货物应按规定标准包装。

三是发现包装破损、残缺、变形和物品变质、分解等情况时，应及时进行安全处理。四是车站调动及停放装有易燃易爆危险货物的车辆时，严格执行有关禁止溜放、限速连挂、编组隔离等规定。停留线附近不得有杂草和其他易燃物，卡控邻近线路特殊车辆间隔距离，周边严禁明火作业。

（四）事故案例分析

1. 案例一

扫码观看案例视频

敞车小门缝隙封堵不严，运行途中造成货物撒落

2018 年 6 月 24 日，32060 次货物列车运行中车站助理值班员发现两辆货车小门处有漏煤现象，停车进行封堵处理。

（1）事故概况。

2018 年 6 月 24 日 11 时 32 分，32060 次货物列车运行至某站 4 道，助理值班员接车时发现机后 17 位（C_{64}0304942）和 20 位（C_{64}0304848）运行右侧敞车小门缝隙漏煤，通知有关人员进行堵漏处理。

（2）原因分析。

煤炭装车站装车前，对敞车小门缝隙使用木楔、编织袋封堵不彻底是造成列车运行中货物撒落的主要原因。

（3）定性定责。

依据《铁路交通事故调查处理规则》第十五条规定，构成铁路交通一般 D（D10）类事故，定煤炭装车站全部责任。

（4）整改措施建议。

① 高度重视货物装载加固安全，严格落实车辆选择、装车质量、装车三检等安全卡控措施，认真执行货物装载加固、商检作业的有关制度标准，确保装一辆重车，保一路平安。

② 列车运行沿途各中间站外勤接车时要落实接发列车作业标准，提前

出场，认真监视列车运行和货物装载状态，发现危及行车安全问题及时果断处理。

③ 列车运行沿途货检站要加强对车体外观及装载状态的检查，严格执行货车装载加固标准，杜绝装载不良车辆上线运行。

2. 案例二

扫码观看案例视频

身边隐患不防，挤下站台伤亡

2016 年 7 月 25 日，某装卸队使用轮式装载机向敞车装运煤炭作业时，装载机司机将监装卸货运员撞轧身亡。

（1）事故概况。

2016 年 7 月 25 日 21 时，某装卸队在铁路专用线货物站台使用轮式装载机向敞车装运煤炭作业，当时夜间下着小雨，能见度较差，监装卸货运员张某背对装载机检查敞车小门状态时，贾某驾驶轮式装载机倒行过程中将监装卸货运员张某撞轧挤下站台，经抢救无效死亡。

（2）原因分析。

监装卸货运员张某作业时，没有对危险作业环境进行安全确认，冒险进入装载机危险作业区域，被装载机撞轧挤下站台是人身伤害事故的直接原因。

装载机司机贾某驾驶轮式装载机倒行时，未认真瞭望，未鸣笛示警和确认作业现场的安全状态，简化作业程序是造成人身伤害事故的又一原因。

（3）定性定责。

依据《铁路交通事故调查处理规则》第十三条规定，构成铁路交通一般 B（B1）类事故。监装卸货运员张某承担事故的主要责任，装载机司机贾某承担事故的次要责任。

（4）整改措施建议。

① 进一步提升作业人员对现场安全风险、隐患的辨识能力，主动管控安全风险，消除安全隐患，将安全措施落实到生产过程中的每一个环节。

② 作业过程中认真落实自控、互控、他控的安全防范措施，做到“不伤害自己、不伤害他人、不被他人伤害、保护他人不被伤害”，对作业过程中的违章违纪行为及时制止和纠正。

③ 加强装卸机械作业的安全管理，动车前鸣笛，观察车辆周围人员、设备、设施的安全状态，严格落实操作规程，确保装卸机械作业安全。

3. 案例三

高温作业无防护，身体虚脱人中暑

2018 年 8 月 20 日，某装卸队 3 名装卸工在货场露天进行装卸车作业时，出现高温中暑症状。

（1）事故概况。

2018 年 8 月 20 日 13 时 30 分，某装卸队安排装卸工在室外露天进行装卸车作业，当时气温在 38 ℃左右，作业现场没有遮阳棚，装卸队也未准备防暑降温的绿豆汤、藿香正气水等防暑降温用品。装卸作业约 2 小时后，有 3 名装卸工感到胸闷、头晕、头痛、恶心、呕吐、视觉障碍（眼花）、癫痫病样抽搐等，装卸队立即将 3 人送到医院进行救治，医院诊断为中暑。

（2）原因分析。

夏季露天高温作业，该装卸队未调整作业时间，未避开高温时间段，作业中没有采取防暑降温劳动保护措施，装卸工大量出汗后身体虚脱是造成中暑的直接原因。

（3）定性定责。

定该装卸队全部责任。

（4）整改措施建议。

① 夏季露天高温作业，用人单位应当合理安排作息时间，在保证作业人员身体健康的前提下组织生产作业。

② 夏季露天高温作业时做好充分的安全预想，制定人性化的应急预案。作业场所准备防暑降温的饮料和药品，做好后勤保障工作。

③ 对高温作业人员在夏季来临前进行职业健康检查，发现职业禁忌症人员及时调整工作岗位。

4. 案例四

装载加固设施焊接不良，座架脱落刮坏行车设备

2018 年 9 月 12 日，某工务机械段编开的 31025 次 500 m 长钢轨运输列车上的长钢轨端座架脱落，列车运行中刮坏行车设备。

（1）事故概况。

2018 年 9 月 12 日 10 时 25 分，某工务段作业人员进行线路维修作业时，发现车站下行出站咽喉位置电务设备箱被外物击打破损。经调查，系 9 月 11 日 31025 次运送 500 m 长钢轨列车机后第 2 位平车上的长钢轨端座架脱落刮坏所致。

（2）原因分析。

由于脱落的长钢轨座架左侧方侧柱底部与方管焊接处未焊透，焊缝内部焊接缺陷形成裂纹源，加之长钢轨运输列车运行的线路条件恶劣，S 形曲线、小半径曲线、坡道较多，列车运行途中，方侧柱受到交变载荷反复作用，裂纹沿焊缝断面迅速扩展并断裂。方侧柱丧失纵向定位作用后，导致右侧圆侧柱前方定位插板在外力作用下断裂。失去定位作用的圆侧柱，在长钢轨挤压力、撞击力及列车运行纵向、横向力综合作用下向左前方移动，最终脱落于线路运行方向左侧路肩上。

（3）定性定责。

依据《铁路交通事故调查处理规则》第十四条规定，构成铁路交通一般 C（C16）类事故。依据《铁路交通事故调查处理规则》第五十二条规定，由于座架焊接质量不良，定某委外运输技术有限公司主要责任。由于对长钢轨座架日常检查不到位，未及时发现座架构件焊缝裂损，定该工务机械段次要责任。

（4）整改措施建议。

① 对委外生产的长钢轨运输座架质量进行严格把关，要从图纸交底、生产过程质量把控、关键焊缝探伤、验收交接等各个环节入手，加强对长钢轨座架委托生产质量的管理，真正落实安全质量主体责任。

② 加强对长钢轨座架运用质量的动态跟踪，定期组织进行用户回访，并对用户日常检查维护情况进行了解，对使用一定次数的长钢轨运输座架进行质量抽查。相关使用单位要加强日常对长钢轨座架的质量，尤其是焊缝部位的检查，

发现隐患及时处理。

③ 加强货检人员作业标准的落实，严格落实装载加固要求和货检作业标准，发现危及行车安全的问题，立即按规定处置。

5. 案例五

检修抑尘设备不设防护，侵入邻线造成列车停车

2018 年 11 月 25 日，某站货运人员在对煤炭抑尘剂喷洒设备检修作业过程中侵入邻线，造成邻线通过的列车停车。

（1）事故概况。

2018 年 11 月 25 日 9 时 15 分，某站货运人员上线对货运抑尘设备进行检修作业，作业前未按规定设置驻站防护员和现场防护员，作业过程中侵入邻线限界，20205 次货物列车通过该站时发现有人侵入限界，采取紧急制动措施停车，未撞上侵限的货运人员。

（2）原因分析。

该站货运人员上线对抑尘设备进行检修作业，未申请检修作业计划，未安排驻站防护员、现场防护员，在防护体系不健全的情况下违规上线并侵入邻线限界是造成列车停车的直接原因。

（3）定性定责。

依据《铁路交通事故调查处理规则》第十五条规定，构成铁路交通一般 D（D9）类事故，定该站全部责任。

（4）整改措施建议。

① 规范上线作业的安全管理，认真落实上线作业安全防护管理办法，建立健全安全防护体系，防控人身安全的薄弱环节，保证作业人员的人身安全。

② 规范抑尘设备检修作业的管理流程，按规定提报检修作业计划，制定检修作业的安全卡控措施，加强现场作业的监督检查，消除作业现场的安全隐患。

③ 加强对现场作业的安全卡控，结合现场作业实际对驻站防护、现场防护、防护着装和防护备品加强管理，对防护联控用语提出明确的要求，按照规定抓好落实。

四、机务系统典型安全风险管控措施及事故案例分析

（一）行车安全

1. 运行揭示调度命令接收、编制、发布发生错漏

（1）派班室调度员未核对运行揭示调度命令，错、漏发布运行揭示。

管控措施：一是派班室调度员接班后，与运行揭示台按区段核对命令数量、命令号码，并填写《出勤（派班）调度员交接班登记簿》。二是派班室调度员接到网络传输的运行揭示，必须在20分钟内签收，签收前按照调度命令相关要求认真进行核对，核对无误后签收并编辑出示时间，审核人员切换账号进行审核操作，签收、审核操作严禁一人完成。三是每天检查所辖派班室运行揭示接收、核对、出示、传达、撤除及LKJ临时数据文件接收、核对、写卡情况，在《调度命令登记簿》《派班室运行揭示及LKJ临时数据文件接收核对登记表》上签字。

（2）未认真模拟编辑LKJ临时数据文件，错误、漏编辑LKJ临时数据文件，造成误控、不控。

管控措施：一是运行揭示台调度员打印运行揭示，对需要编制LKJ临时数据的运行揭示，根据揭示命令内容分解LKJ临时数据条数，对照编制完成并核对无误的运行揭示使用跨段写卡软件编制LKJ临时数据。无须编制LKJ临时数据的运行揭示，必须认真核对、确认，并通知主管人员。二是编辑完成的LKJ临时数据文件必须进行核对，核对应做到“编、核分离”。三是运行揭示台调度员将编、核完成的LKJ临时数据文件，按运用区段核对揭示分解情况，核对无误后将数据写入IC卡，使用自动模拟运行测试设备和手动模拟运行测试设备两种方式对LKJ临时数据文件进行模拟验证。四是核对无误的LKJ临时数据文件，须经审核、签认后按规定上传到服务器。

2. 非正常行车安全措施落实不到位

（1）机车、列车火灾或爆炸处置不当。

管控措施：一是根据机车火情果断处理，防止火情扩大。内燃机车立即停机，电力机车立即断电降弓。二是机车火情严重，使用机车灭火器不能扑灭时，

司机应鸣示警报信号，立即停车。三是运行中司机接到列车发生火灾、爆炸要求停车的通报或发现本列车着火时，应立即停车。四是司机立即将停车地点和车辆着火情况报告就近车站值班员（列车调度员）。五是对列车或对甩下的车辆，在车站由车站人员负责采取防溜措施，在区间由机车乘务员负责采取防溜措施。

（2）机车热轴应急处置不当。

管控措施：一是轴承超温（温升或温度达到对应的报警限值），应立即采取减速措施，切除故障轴位动力，并进行后部瞭望。二是后部瞭望发现异状或轴温迅速上升，应立即停车检查，根据实际情况决定是否继续运行，如不能继续运行，立即请求救援。三是出现二级振动报警时，伴随轴承温度异常升高，按轴承温度异常升高处置；不伴随轴承温度异常升高，应加强后部瞭望，如无异音、异状，维持运行至前方停车站，停车后进行相应的检查确认。出现一级振动报警时，应根据提示信息关注运行情况，并维持运行到前方停车站检查确认。四是经检查确认不能继续运行时，为防止故障轴承固死扩大事故，要马上采取摘开机车滚动试验降温措施，摘车前必须与车站值班员或列车调度员联系，在征得车站值班员或列车调度员允许的情况下方可摘开机车，摘开机车时必须保持全列制动状态，在车站由车站做好防溜措施；在区间由车辆乘务员，无车辆乘务员时由司机做好防溜措施。旅客列车摘车时须通知车辆乘务员。滚动试验的范围不得超出车站值班员或列车调度员指定的区域。

（3）列车运行中接收临时调度命令应急处置不当。

管控措施：一是车站使用列车无线调度通信设备向司机发布调度命令时，司机应将调度命令内容记入司机手册（设有模板的，在模板上记录，司机手册上仅记录命令号码），并与车站值班员复诵。二是遇停车站信联闭施工时，须确认行车凭证是否正确，确定行车凭证无误，清楚 LKJ 速度要求后，方可开车。

（4）列车运行中发生相撞事故应急处置不当。

管控措施：一是遇车辆、人员侵入限界，危及行车及人身安全时，司机应立即采取停车措施，停车后保持列车制动。二是司机应立即使用列车无线调度通信设备通知车站值班员（列车调度员）。可能妨碍邻线时，应同时通知邻线上运行的列车及就近车站值班员（列车调度员），并亲自或指派人员前往现场检查。三是可能妨碍邻线行车安全时，做好安全防护。司机立即在列车头部附近邻线上点燃火炬，按规定派人进行防护，在自动闭塞区间，还应对邻线来车方向短路轨道电路。四是司机迅速赶往现场（不得侵入邻线，注意自身人身安全），检查人员伤亡及线路、车辆破损情况，并记入司机手册（如与其他机动车辆相撞时应记下其车辆牌证和当事人有关证件及所属单位），将死者移出线路，将伤者移至安全地点，报告就近车站值班员（列车调度员），按其指示办理。如不能运行时，按规定请求救援。五是机车乘务员前往列车后部检查处理时，不得在邻近正线的一侧走行或作业。必须在邻近正线一侧作业时，司机将列车停留的前后准确位置报告车站值班员，请求车站值班员通报通过该处邻线列车注意运行。

3. 不认真确认信号擅自开车

（1）未确认出站信号、进路表示器、机车信号显示状态开车。

管控措施：一是接班检查机车，认真确认机车信号合格证齐全，操纵端上下行开关位置正确。二是开车前机班全员认真确认出站、进路及进路表示器显示。三是严格执行车机联控制度。四是遇机车信号收码异常，应准确判断原因，严禁盲目开车。

（2）未确认外勤发车信号开车。

管控措施：一是确认发车信号时，必须机班全员全过程确认发车信号，一人车上、一人车下多角度进行确认。标准用语“绿旗、列车方向、一圈、两圈、三圈，发车信号好了”。二是严格落实“确认不清不确认、有人上下不确认、有人遮挡不确认、信号中断重新确认”制度。三是发车信号任何一人确认不清时，通知车站重新显示或走近显示。四是电台发车时，必须机班全员认真确认，未听清、听全时立即向车站询问发车情况，要求再次发车。

4. 列车溜逸

（1）停车时未保持全列制动状态。

管控措施：一是机车在中间站停留，包括调车机车在站停留，机车自阀减压 100 kPa 以上，单阀施行全制动。二是不论在任何情况下，机车站内停留，乘务员必须坚守岗位，有人看守机车。三是客、货列车在换挂站、终到站，司机应将自阀追加减压至最大减压量，使列车处于制动状态，并确认列车排风情况，副司机做好监督互控。在未得到压钩或起动信号前，不得缓解列车制动。

（2）到发线停留全列未保持制动状态摘开机车。

管控措施：一是列车在站停车，必须执行制动保压状态，并施行自阀减压

100 kPa 以上。出站（进路）信号机开放后，方可缓解列车和机车制动。停车超过 20 分钟，必须进行制动机试验。内燃机车不准停机和关闭空气压缩机；电力机车不准降弓、关闭劈相机和空气压缩机。二是中间站到达的列车，须使全列自动制动机保持制动状态，收到车站“做好防溜措施，准许摘开机车”的通知后，方准摘开机车，制动状态的确认由摘开机车的人员负责。三是多台机车连挂回送时，机车乘务员应熟知制动机使用及无动力回送作业程序，机车转入无动力回送时，严格落实各机型无动力回送操作程序要求，和谐型电力机车转入无动力时必须使总风缸压力保持在 200～250 kPa 范围内。摘开机车前，通知重联机车乘务员，确认重联机车制动状态后，方可摘开机车。

（3）列车在车站无动力停留时，未对机车进行防溜。

管控措施：一是机车进行无动力处置前，必须与本务机车连挂或采用铁鞋防溜措施后方可进行；本务机车与无动力回送（附挂）机车摘车前，本务司机必须通知附挂机车做好机车防溜措施后，方可摘车。二是机车无动力回送时，无特殊情况严禁解除机车制动作用（如关闭闸缸塞门、拆除闸瓦、拆卸制动缸管或作用风缸等）。三是本务机挂车后，检查确认连挂状态，试验列车管贯通状态。本务司机进行制动机试验，附挂司机观察各风压表压力变化。

5. 施工安全措施不落实

（1）施工安全措施不具体，内容错误。

管控措施：一是每月底前梳理担当区段施工计划，对涉及非正常行车的施工进行摘录，提前对施工计划中的重点施工进行预判。二是不少于施工开始前 3 天召开施工预备会，针对施工中存在的各类风险和隐患进行研判，制定有效安全措施。三是施工计划写入 IC 卡后，专业管理人员要在 LKJ 模拟机上进行模拟。四是绘制行车明示图，由专业管理人员进行审核，经有关领导签字后，交派班室进行发放。

（2）没有执行施工期间行车办法。

管控措施：一是每次涉及信联闭的施工均需召开施工预备会，对出勤盯控干部和添乘干部进行安排。二是现场盯控人员对出勤机班利用模拟机进行模拟，并传达施工安全措施，机班按要求模拟签认。三是针对涉及的非正常行车施工进行全覆盖分析，对存在问题严格按要求考核。

6. 列车超过各项容许限制速度

（1）错误输入、擅自解除行车安全装备控制模式。

管控措施：一是司机根据车站值班员车机联控时通知的列车接入股道，对LKJ准确输入股道号，二人共同确认，进入站内再次确认所进股道。二是必须双人值乘，不间断瞭望，非操纵司机起立，司机控制列车在瞭望距离内以能随时停车速度运行，按规定执行呼唤应答制度。三是进入调车状态必须两人确认，调车作业动车时，必须联控，不联控不动车；调车信号由近及远逐个呼唤确认。四是进入降级状态，输入参数须二人共同确认。

（2）控速不当，造成列车超速运行。

管控措施：一是运行中必须精神集中，严禁做与行车无关的事情，遵守各项允许及限制速度。二是列车开车前，正确输入LKJ列车参数、车速等级，运行中正确使用侧线股道选择、支线选择等涉及速度限制的功能。三是严格按照运行揭示调度命令要求控制列车通过限速地段，在限速地点前将列车速度控制到限速值以下，待全列车通过限速地段后再加速，防止尾部超速。四是认真确认减速信号显示，发现标明的速度与交付揭示不符时，应立即采取减速或停车措施，按低速值运行，同时报告车站值班员或列车调度员。运行中发现没有限速调度命令的限速标志（减速信号）时，要立即按标明限速通过，如无法确认限速值时，必须将速度降至25 km/h以下通过。如来不及时，可立即施行紧急制动措施。五是遇使用列车无线调度通信设备发布的限速调度命令，机车乘务员必须做好记录并认真复诵、核对无误。使用机车综合无线通信设备（CIR）接收书面调度命令时，须及时接收并确认，司机应按调度命令要求的速度通过限速地段。遇限速提前结束时，按要求操作LKJ，解除对该处限速的控制。

（二）劳动安全

1. 机车、车辆撞轧

（1）横越线路没有执行规定，在运行中的机车、车辆前面抢越。

管控措施：一是横越线路执行“一站、二看、三通过”的规定。二是严禁在运行中的机车、车辆前面抢越。三是横越有机车、车辆停留的线路时，必须先确认机车、车辆暂不移动，然后在距该机车、车辆10 m以外绕行。四是遇必须横越列车、车辆时，严禁钻车，应先确认列车、车辆暂不移动，再从车门处、通过台或由车钩上越过，并注意邻线有无机车、车辆运行。

（2）扒乘运行中的机车、车辆，以车代步。

管控措施：一是出乘前做好安全预想，机车乘务员之间做好安全互控。二是作业人员提前出场，行走固定径路。三是做好交接班前准备工作，提前至交接地点等候办理交接。

（3）机车、车辆运行中进入钩挡、道心提钩，摘接风管、调整钩位。

管控措施：一是加强乘务员在作业中的安全自控、互控教育，提高安全责任意识。二是规范乘务员的摘挂车作业制度，严格卡控作业标准和流程，确保各项人身安全卡控措施落实到位。三是针对关键作业环节加强安全风险研判，对调车推进作业、补机加挂作业、无动力机车回送情况要严格执行人身安全卡控措施。

2. 触电伤害

（1）电力机车发生弓网故障须登上机车顶部处理时，未经列车调度员准许，没有采取可靠的安全措施登顶作业。

管控措施：一是电力机车在段内发生弓网故障时，未接到停电的调度命令和挂好接地线前，禁止登上机车顶部。二是电力机车在区间或站内未设隔离开关的线路上，发生弓网故障须登上车顶处理时，必须经列车调度员准许，发布调度命令，命令中须注明“接触网已停电，准许作业人员在设好防护、接好地线后靠近接触网处理故障（作业）”的内容。三是发现牵引供电设备断线及其部件损坏，或发现牵引供电设备上挂有线头、绳索、塑料布或脱落搭接等异物时，均不得与之接触，应立即通知附近车站。在牵引供电设备检修人员未采取措施以前，任何人员均应距已断线索或异物处所 10 m 以外。四是大风天气或雷雨天气，严禁任何人员上机车顶部作业。

（2）操作隔离开关没有办理登记手续。

管控措施：一是电力机车在段内进行整备作业，需要操作隔离开关时，要严格执行登记、监护、呼唤应答等制度。办理隔离开关使用手续过程中，不得简化作业程序。二是操作隔离开关前，司机必须亲自检查确认机车高压室内、地沟内或机车下无作业人员，认真执行呼唤应答制度，严禁擅自升弓。三是操作隔离开关时，隔离开关监护员、隔离开关操纵员、车顶作业人员必须本人在《隔离开关使用登记簿》上进行逐项登记。四是遇雷雨天气时，禁止操作隔离开关。不良天气禁止办理隔离开关登记手续，严禁带负荷操作隔离开关。

（3）接触网未停电的情况下，使用软管水冲洗机车上部。

管控措施：一是在电气化区段保洁、整备等作业，不得将水管向供电线路方向喷射，不得使用软管向接触网方向或机车上部喷水。二是接触网未停电时，机车保洁或整备作业中，严禁以向车体上部喷水方式洗刷车体。三是接触网未停电时，任何人员及所携带的物件、作业工器具等必须与牵引供电设备高压带电部分保持 2 m 以上距离，与回流线、架空地线、保护线等保持 1 m 以上距离。

（4）库内作业未办理登顶手续，盲目攀登机车顶部。

管控措施：一是库内作业未办理登顶手续，在机车上方的接触网设备未停电并采取安全防护措施前，禁止任何人员攀登到机车顶部。二是库内机车检修或整备作业、机车停在接触网下、电力机车发生弓网故障时，在未接到停电的调度命令和挂好接地线前，禁止登上机车顶部。三是段内机车整备作业，需要操纵隔离开关时，要严格执行登记、监护、呼唤应答等各种制度，办理隔离开关使用手续，不得简化作业程序。未办理接触网停电手续和挂好接地线前，严禁登上机车顶部作业。四是大风天气或雷雨天气，严禁任何人员攀登机车顶部作业。

（5）防触电劳动防护用品没有定期检验，未按规定穿戴劳动防护用品。

管控措施：一是操作隔离开关的安全用具必须定期检验，确保在检验有效期内使用。二是绝缘手套、绝缘靴、绝缘垫板、绝缘棒及连接杆、接地线，应由安全监护员负责保管，确保状态良好。使用前进行外观检查，发现有漏气、裂损等现象禁止使用。三是操作隔离开关前，操作人员必须按规定穿戴好绝缘靴和绝缘手套，确认设备及其操作机构正常，接地线良好，方准按程序作业。

3. 高处坠落

（1）机车顶部、上下机车未站稳抓牢。

管控措施：一是机车顶部、高处作业和上下机车时，要站稳抓牢，做好安全防护措施，佩戴好安全带（绳）。二是在机车顶部和高处作业时，严禁从高处抛掷工具、工件等。三是上下机车时，严禁两手拿取其他物品时抓取手把杆上下机车。四是天气不良危及人身安全时，严禁上机车顶部或高处作业。五是高处作业时要思想集中，不得用力过猛或探身过远。

（2）机车顶部有人作业时擅自动车。

管控措施：一是机车顶部有人作业或未检查确认机车顶部遗留工具物品前，严禁擅自动车。二是动车前应加强联系，司机确认机车顶部无人，确认机班人员及有关人员均处于安全位置后，方可鸣笛动车。三是机车出入检修库时，司机要确认机车梯子、脚蹬、车顶和地沟等处所没有作业人员，检查机班人员齐全及有关人员均处于安全位置后，方可鸣笛动车。

4. 机械伤害

（1）机械设备运转时，从事检修作业。

管控措施：一是各种机械设备的转动部分及有危险的外露部分，均应设置防护装置。二是检修或临时排除设备故障、擦拭机械设备等工作，必须切断动力来源。三是从事机械设备检修作业，必须在机械设备电源、动力来源等处挂好“禁动牌”，安排专人监护并做好安全防护措施后，方准进行检修作业。四是修理带有压力的设备部件时，应首先截断压力来源，放出余压后，方准进行工作。严禁带压紧固或修理设备部件。

（2）未确认机械间人员位置、工具状态擅自起机。

管控措施：一是起动柴油机前，必须检查盘车工具是否有油污，如有油污须擦拭干净。二是起机前检查各转动部分有无障碍物，确认所有人员站在安全位置，做好安全防护措施后，方可准备起机。三是在司机未确认机械间人员位置、工具状态，副司机未做好安全防护的情况下，严禁擅自起机。机械间检查时必须呼唤司机同意后方可进行，检查时禁止接触机械间各旋转运动的部件。四是起机时要认真执行呼唤应答，统一指挥，做好安全防护，发现异状及时停机。

（三）特种设备安全

1. 压力容器

（1）使用的压力容器不符合安全技术规范要求。

管控措施：一是操作人员清楚压力容器各项参数，熟练掌握操作规程要求。二是每周手动试验压力容器安全阀一次。试验安全阀是否灵活、畅通，并做好记录。三是压力容器的选型、技术参数、安全性能、能效指标等符合国家或者地方有关强制性规定、设计要求及使用条件。四是所采购特种设备（压力容器）

应附有安全技术规范要求的设计文件、产品质量合格证明、安装及使用维修说明、制造监督检验证书等出厂文件。

（2）氧气、乙炔瓶使用时安全距离不足，未按规定存储。

管控措施：一是应当购买已取得气瓶充装许可的单位充装的瓶装气体。二是对到场气瓶进行验收，气瓶外表漆色完好，标识齐全，未超过检验有效期及报废日期，配有防震圈、防护帽，瓶阀完好，气瓶表面无损伤。三是气瓶存放应当按照空、重、气体种类分开存放，易燃易爆介质与助燃介质气瓶不得放置在同一库房内，夏季应当避免阳光暴晒。四是氧气、乙炔瓶现场使用时，瓶体之间或与明火应保持一定的安全距离。

2. 起重机械

（1）起重机械未定期检测。

管控措施：一是建立特种设备台账，对特种设备进行动态管理，清楚每台起重设备检验期限。二是做好定期检验计划，提前与地方检验机构联系起重设备检验事宜。三是遇特殊情况，导致起重设备不能按期检验时，要停用并采取断电、封存等措施。

（2）起重设备安全防护装置或者吊索具处于不安全状态。

管控措施：一是使用前，对起重机进行巡回检查，发现异常状态及时排除安全隐患。二是严禁在有负荷的情况下调整起升机构制动器。三是不准利用极限位置限制器停车。四是严格执行“十不吊”制度。

（四）消防安全

1. 油库防火

（1）油库管理制度不健全，安全警示标识不明显。

管控措施：一是明确主体责任，不断修改完善管理制度，强化日常现场作业和制度落实的卡控力度。二是按要求每三年联系具备国家规定的资质条件的机构对油库进行安全评价，并出具评价报告。三是按规范配置、更新安全警示标识。

（2）油库储油罐安全防护装置失效。

管控措施：一是严格落实呼吸阀周期检查制度，发现隐患及时处置，按时填写巡检记录。二是联系专业机构对防雷电、静电装置定期进行检测，出具的检测合格报告存档备查。三是每月对消防器材进行检查，填写月度检查卡。每年对消防器材进行年度检测，对超期或报废的器材及时更新。

2. 机车防火

（1）机车上存放易燃易爆危险品。

管控措施：一是内燃机车上小品种油脂存放必须加盖封存处理。电力、内燃机车禁止使用明火照明从事检查、修理等工作。二是严禁将打火机、火柴等易燃物品存放在机车操纵台处，防止在阳光直射情况下发生火灾。三是严禁“三品”上机车，严禁将易燃易爆危险品带入司机室内。四是交班前司机必须将烟灰缸清理干净。机械间、电器间内严禁吸烟。

（2）机车电器存在火灾隐患。

管控措施：一是 DF 型内燃机车起机前乘务员必须检查起动滑油泵、燃油泵转动灵活，防止电机犯卡导致电器线路过热引起短路。二是 DF 型内燃机车中修时，必须对 1DZ、2DZ、15DZ、16DZ、3-4DZ 及电炉子自动控制开关进行换新，并严格按照标准使用规定容量的自动开关，防止自动开关作用不良。三是对修程机车加强电气线路检查，严禁机车控制回路接地出库。四是机车非电线路端子部分必须存在电线路连接时，应使用连接套管，严禁电线铰接连接方式，防止虚接过热问题发生。

（五）事故案例分析

1. 案例一

扫码观看案例视频

错误操纵机车监控设备，机车信号灭灯紧急停车

2019 年 8 月 12 日，某机务段值乘的 29010 次货物列车运行过程中，因副司机错误转换“调车控制盒”转换开关，造成机车信号灭灯监控器输出紧急制动停车。

（1）事故概况。

2019 年 8 月 12 日，某机务段机班担当 29010 次货物列车牵引任务。21 时

38 分开车，21 时 49 分某站通过后，副司机进入机械间巡检，在关闭“货列尾主机控制盒”时，错误将“调车控制盒”转换开关由“监控位”转换至“调车位”，造成机车信号灭灯、监控器排风（当时速度 77 km/h）。21 时 52 分，列车停于 K178+244 处。停车过程中，副司机又将“调车控制盒”转换开关复原，机车信号显示“绿灯”。

（2）原因分析。

副司机在关闭列尾主机控制盒时，将“调车控制盒”转换开关错误转换至“调车位”是造成机车信号灭灯停车的直接原因。

（3）定性定责。

依据《铁路交通事故调查处理规则》第十五条规定，构成铁路交通一般 D（D15）类事故，定该机务段全部责任。

（4）整改措施建议。

① 结合机车乘务员作业现场实际需要，对各机型司机室、机械间内的开关、扳钮等零部件进行排查梳理，组织机车乘务员进行培训，明确交接班作业的检查确认重点和运行中禁止碰触的开关或部件。

② 针对机车乘务员日常作业中“假落实、假执行”的问题，开展专项整治活动，充分增强作业人员对规章制度的敬畏感，引导和规范乘务员正确执行作业标准。

③ 各级安全管理人员充分利用 LKJ、音视频文件回放等手段加大检查力度，对发现的机车乘务员违章操作、作业标准不落实等典型问题，认真分析严肃追责，填补安全管理漏洞。

2. 案例二

扫码观看案例视频

列车缓解不到位盲目加大牵引力
重联机车持续空转造成钢轨擦伤

2019 年 1 月 15 日，某机务段 SS_4 0320/0322 重联机车运行至甲站至乙站间，因重联机车空转造成钢轨多处被擦伤。

（1）故障概况。

2019 年 1 月 15 日 13 时 12 分，某机务段本务机车司机、副司机使用 SS_4 0320/0322 重联机车牵引 40120 次货物列车运行至甲站至乙站间，因乙站无法接车，列车停于 K176+642 处（4‰的上坡道）。13 时 16 分，机车信号收到黄灯。13 时 25 分，机车信号收到绿黄灯，司机缓解小闸，同时逐渐给流至 600 A，然后缓解大闸，待风压达到约 530 kPa 时，司机给流至 840 A。给流过程中重联机车司机联控“重联机车空转”，本务司机要求重联司机采取撒砂措施后，重联机车仍空转不止，本务司机退流停车。停车后，重联机车司机、本务副司机下车查看机车和线路情况，发现钢轨多处被擦伤，报告本务司机后，司机又重新起车三次均失败。40120 次列车司机从发生故障至列车进入乙站始终未向乙站报告钢轨擦伤情况。

13 时 40 分，续行的 20360 次货物列车以 13 km/h 的速度通过钢轨严重擦伤地段，司机未向车站报告线路异常情况。

13 时 55 分，后续第二趟 22346 次货物列车运行至钢轨严重擦伤地段时，司机发现线路异常报告乙站值班员。

工务工区负责人到达现场，检查发现上行线 K176+600 处 23＃、24＃左右股钢轨擦伤严重，需立即进行更换。

（2）原因分析。

40120 次机车乘务员违反操作规程和非正常情况行车操纵办法，在列车制动没有完全缓解的情况下，在 4‰ 上坡道的线路上盲目加大牵引力起动列车，后续发现补机产生空转后要求重联机车撒砂，在副司机汇报重联机车空转严重后未及时采取彻底退流等措施是造成重联机车持续空转擦伤钢轨的直接原因。

（3）定性定责。

该机务段承担全部责任。

（4）整改措施建议。

① 对《万吨列车作业指导书》进行优化和完善，制定切实可行的操纵办法；同时加强对机车乘务员的业务培训，确保每名乘务员熟练掌握机车操纵技能。

② 加强对机车乘务员的教育培训，坚持“合格一个、上线一个”的原则，

从源头上确保乘务员的自身素质和过硬的业务技能。

③ 进一步优化完善应急救援机制，提高应急信息传递效率，加强各专业现场处置方案的培训和演练工作，实现应急演练和实际救援的高度一致，有效缩短故障处置时间。

3. 案例三

调车机制动措施不规范，单机溜逸影响其他列车

2018 年 6 月 15 日，20166 次货物列车在某站开车时，因尾部挂有一台非正常挂运的调车机，运行至前方站临时停车摘解。

（1）事故概况。

2018 年 6 月 15 日，20166 次列车到某站 2 道停车后，车站利用调车机进行解挂作业。0 时 27 分，最后一钩推进 15 辆与列车连挂完毕（Ⅱ端操纵），摘开调车机走行 3 m 停车，计划待列车开出后运行至本股道列车出发端进行交接班作业。0 时 35 分，某机务段司机取出单阀手柄先行换端，副司机留在Ⅱ端司机室监控机车防溜。由于摘解机车时自阀手柄在制动区，使用单阀单独缓解了机车制动，在取出单阀手柄后机车处于缓解状态。0 时 36 分，在司机还未到达Ⅰ端司机室时，机车发生溜逸并挂上正在起动的列车，列车调度员得到报告后将列车拦停在前方站处理。

（2）原因分析。

调车机摘解后司机取出单阀手柄换端时，机班两人均没有确认机车闸缸压力，却都盲目呼唤闸缸压力 420 kPa，副司机发现机车发生溜逸后，没有采取紧急制动措施是造成事故的直接原因。

（3）定性定责。

依据《铁路交通事故调查处理规则》第十五条规定，构成铁路交通一般 D（D15）类事故，定该机务段全部责任。

（4）整改措施建议。

① 结合站场线路坡度、作业方式、机车制动机特点等内容，对机车摘解、换端作业开展一次风险研判和隐患排查，完善作业标准和控制措施，防止作业不当发生机车、车辆溜逸问题。

② 定期对机车乘务员业务能力进行摸排，开展机车运用知识的补强培训。

③ 加强现场作业标准执行情况的监督检查，对机车乘务员在信号确认、呼唤应答、运行瞭望、精神状态等方面存在的问题，制定整改措施进行规范。

4. 案例四

机车电气室设备故障，形成明火引燃司机室

2020 年 7 月 14 日，某机务段 3215 次机车运行至某站 1 道发车进路信号机处，机车动力电池室突然发生爆燃造成机车着火。

（1）事件概况。

2020 年 7 月 14 日 21 时 11 分，某机务段 3215 次机车运行至某站 1 道发车进路信号机处，司机发现机车动力电池室（紧邻司机室）发生爆燃，当时牵引手柄 4 级，速度约为 12 km/h。司机立即采取紧急停车措施，同时与副司机试图用司机室配备的干粉灭火器（3 kg）灭火。此时发生第二次爆燃，呈喷射式火焰迅速窜入司机室，由于火势较大，司机、副司机判断已无法利用灭火器扑灭，立即撤离机车。21 时 12 分，副司机拨打“119”火灾报警电话，同时向列车调度员汇报。21 时 30 分左右，消防队到达现场。23 时 10 分，机车火情现场处理完毕。

（2）原因分析。

机车电气室内斩波电阻过流，导致斩波电阻熔化，熔化后的金属溶液溅落到隔离开关连接线上，致使动力电池内部主回路形成长时间短路，机车外围保护措施无法进行保护，动力电池内部因大电流而自燃，机车顶部形成明火是造成司机室内部着火的直接原因。

（3）定性定责。

按照租赁合同条款，列某机车有限公司全部责任，机务段提前与该机车有限公司终止合同，退租机车，由该机车有限公司承担直接损失。

（4）整改措施建议。

① 该机车有限公司立即组织专业技术人员针对暴露出的问题制定改进方案，彻底解决动力电池组着火的安全隐患。

② 机车乘务员日常加强对运用机车各部件的检查和巡视，严防机车跑冒滴漏，做好日常自检自修，及时处理电器部件松、虚、脱等不良状态。加强机车上棉丝、油脂的管理，消除机车火灾隐患。

③ 加强机车乘务员机车防火知识的教育培训，定期组织机车火灾处置应急演练，提高作业人员的应急处置能力。

5. 案例五

单机转线冒进调车信号，影响出站信号耽误列车

2019 年 11 月 6 日，某机务段值乘 K462 次在某站 2 道闯过关闭的 D11 号信号机，导致 G526 次动车组开放的出站信号关闭。

（1）事故概况。

2019 年 11 月 6 日，某机务段值乘 K462 次旅客列车终到某站 2 道后，车站排列了经 D23 号信号机返岔转 4 道进库的调车进路，因调车进路末端与 G526 次动车组发车进路无隔开设备，以 D11 号信号机作为调车阻挡信号。由于机班对站场设备不熟，未认真确认调车信号，闯过关闭的 D11 号信号机，导致 G526 次动车组开放的出站信号关闭。

（2）原因分析。

机车乘务员未执行逐架确认调车信号的作业标准，在调车走行过程中瞭望不彻底，臆测行车，盲目运行，机班在车站明确指明转线径路和返岔位置的情况下，未全部复诵联控内容，在车站重复纠正后也未引起重视是闯过关闭的 D11 号信号机的直接原因。

（3）定性定责。

依据《铁路交通事故调查处理规则》第十四条规定，构成铁路交通一般 C（C8）类事故，定该机务段全部责任。

（4）整改措施建议。

① 加强关键人员、关键作业、关键地点、关键时段的调车作业过程卡控，采取现场检查、音视频文件分析等多种形式，加大对现场作业的动、静态检查力度，促进现场作业标准落实。

② 对调车进路末端无隔开设备，调车作业时可能侵入客运列车进路的特殊困难车站，开展全面摸排制定安全措施，卡控安全关键。

③ 对新设备使用、新人员上岗、值乘交路变化、作业方式变更等情况，全面梳理安全隐患，制定针对性的安全措施，做好人员教育培训工作。

五、供电系统典型安全风险管控措施及事故案例分析

（一）行车安全

1. 接触网作业车事故

（1）未按规定设置或撤除防溜装置，造车车辆溜逸。

管控措施：一是接触网作业车停留期间设置防溜铁鞋，铁鞋紧贴车轮踏面，并拧紧手制动。二是每日进行防溜检查，检查记录登记是否齐全。三是出车前对接触网作业车的制动机进行全面试验，制动风压不符合规定不得提前撤除铁鞋，确认状态良好后方可出车。四是车列在坡道地段停留时，不得处于无动力状态，车列必须连接风管，严禁摘开车辆，需长时间停留时，做好防溜。

（2）未执行车机、车调联控标准脱轨或挤道岔。

管控措施：一是接触网作业车司机的车机、车调联控用语规范，做到“彻底瞭望、确认信号、准确呼唤、手比眼看”。二是运行过程中做到“由近及远”确认行车信号。通过道岔、脱轨器时副司机站立瞭望，与司机呼唤应答确认。三是加强对接触网作业车司机作业标准执行情况的监督检查，对“假执标、假呼唤、假确认”行为进行考核。

（3）行车安全装备不全上线运行，GYK 模式运用错误，运行途中擅自关闭、解除监控装置功能。

管控措施：一是做好出库前 GYK 性能试验，严格按标准进行制动机简略试验，确认车列贯通，制动性能良好。二是严格落实 GYK 操作使用的要求，出乘前正确选用模式。三是运行途中正确输入相关信息，严禁关机。运行中发现 GYK 运行数据出现异常时，立即查找故障源头，消除安全隐患。四是做好 GYK 的运行数据分析，发现典型的违章作业及安全隐患，立即分析原因制定整改措施。

2. 施工、维修作业过程失控

（1）擅自变更地线位置，违反地线作业“一处一验”“一人操作一人监护”等基本制度。

管控措施：一是严格审核工作票，确认作业范围、防护范围和封锁范围相

对关系，确认地线位置及杆号，确保工作票中接拆地线安全措施完备。二是开好班前预想会，对作业安全重点事项进行提示，所有参加施工人员按照作业分工抓好落实。三是接地线前对验电器进行声光试验，确保验电器状态良好。四是在地线作业过程落实一人操作、一人监护制度，严禁出现间断监护或无监护作业及监护人员参与作业等安全隐患。

（2）错误办理停电命令和停电手续。

管控措施：一是认真核对作业方案、工作票、倒闸命令，发现内容不一致时，立即停止作业。二是变电值班员认真执行变电作业相关规定，保证各项安全措施落实到位。三是安排胜任人员对停电作业全过程进行监督检查。

（3）无调度命令施工、超范围施工、超范围维修作业。

管控措施：一是认真核对施工和维修计划，确保施工作业范围和计划范围一致。二是调度命令传递程序规范，取得调度命令后方可进行施工和维修作业。三是认真核对到达作业地点的时间和位置、上线作业信息以及调度命令发布时间和内容。四是核对线上列车（含接触网作业车）运行情况。

（4）未确认人员、机具、材料撤至安全地带，盲目申请销令送电。

管控措施：一是现场作业结束后，作业人员、机具均需撤离至安全区域。二是小组监护人员作业完毕向工作领导人汇报人员、机具下网撤离线路。工作领导人向驻站防护员报告作业完毕，人员、机具撤离至安全区域，驻站防护员按规定落实销令送电程序。三是作业领导人发现作业范围、作业内容、作业计划不符时，应立即停止作业，并采取相应的安全防护措施。

3. 接触网塌网

（1）接触网支柱、隧道吊柱侵入机车车辆限界。

管控措施：一是掌握既有线支柱、吊柱限界变化情况，防止侵限问题发生。二是新建、改扩建工程重点对接触网设备限界设计安装标准进行审核，对现场设备进行复测，发现数据异常时，及时通知施工、监理单位整改。三是施工、维修作业中，对支柱、吊柱设备状态进行检查，测量数据登记备案。四是施工结束后，注意观察列车运行状态，发现接触网设备异常，立即采取措施消除安全隐患。

（2）接触网施工、维修作业主要部件性能不达标。

管控措施：一是对接触网零部件质量进行检验，发现问题零部件立即更换，对零部件源头质量问题进行追溯，确保质量合格方准上网。二是作业前熟练掌握施工作业流程，确保主要零部件安装位置正确、性能达标，满足列车运行的有关要求。三是加大对问题零部件的检测分析，查找问题原因，会同厂家共同制定提高主要零部件质量的安全措施。

（二）劳动安全

1. 机车、车辆撞轧

（1）接触网作业车动车前未确认车辆周围人员和设备状况，运行中与作业人员、路外人员相撞。

管控措施：一是接触网作业车司机须标准化作业，精力集中，认真执行瞭望、确认信号、准确呼唤、手比眼看制度。二是出乘工作票必须明确每台作业车的作业范围，避免作业过程中车辆无计划、无规律调动。三是接触网作业车动车前，司机和副司机需确认人员处于安全位置，动车前进行后部瞭望，确认安全后方可鸣笛准备动车。遇雨、雪、雾天能见度低，不能确认车辆周围和前后方人员状态时，副司机应下车进行确认，再指挥司机动车。四是规范作业平台负责人和作业车司机的联控用语，得到作业平台负责人关于所有人员和设备处于安全位置后方可动车。五是作业平台上有人时，运行速度不得超过 10 km/h。接触网作业车作业过程中（包括停车时），司机和副司机不得擅离岗位。停留时间超过 20 分钟，动车前须进行制动机简略试验。作业中需移动车辆时，应听从作业组负责人指挥，确认各作业机构和作业人员处于安全位置。

（2）接触网作业车未停稳人员上下，人员从未封锁线路侧上下。

管控措施：一是工作票、安全预想中对作业人员上下车时机及地点进行明确，严禁从邻线侧上下车辆，作业人员必须从田野侧上下。二是作业中接触网工作领导人与接触网作业车司机积极配合，认真确认停车公里标或杆号，提醒作业人员上下接触网作业车时机和地点。三是操作平台有人员上下时，司机应关闭作业平台电源开关并保持操作平台状态稳定。四是人员上下作业车时，必须在车辆停稳后方可上下，严禁作业车不停稳人员上下和车辆移动过程中人员“飞乘飞降”。五是接触网作业车日常保养及检车作业时需要检查邻线侧时，由接触网作业车负责人安排在车辆两端设好防护员，并设驻站防护员，收到驻站防护员邻线没有车辆作业或运行的通知后，方准通知司机进行邻线侧整备作业。

（3）未按规定设置防护人员，上线作业防护用品携带不全或状况不良。

管控措施：一是严格审核工作票安全措施及作业人员分工情况，落实“不设置防护不准上线”的原则，对作业范围、防护人员防护位置进行审核确认，确保防护人员设置符合规定，防止发生超范围作业情况。二是作业前，工作领导人对防护用品的性能及状态进行检查，确保安全防护用品状态良好。三是驻站防护员、现场防护人员上岗前，通信工具电量充足、状态良好，行车防护用品携带齐全。四是驻站防护员和现场防护员必须参加班前预想会，了解掌握作业项目、时间、地点、作业内容、人员配置、机具使用等情况，防护期间认真执行防护联控用语和3～5分钟联控一次的规定。

（4）未确认封锁调度命令已下达，违章组织人员上线。

管控措施：一是驻站防护员要加强与车站值班员联系，认真核对调度命令，并及时向工作领导人报告封锁时间和封锁范围，作业人员没有得到工作领导人的批准，严禁进入护网进行上线作业。二是上线作业人员按照工作票要求，从指定地点或作业通道门进入站内或区间，禁止攀爬、翻越或破坏护网上线。三是加强对驻站防护员、现场防护员防护联控用语的检查分析，按照作业计划的时间节点核对联控用语的时机，发现超范围、作业时间不符的问题立即组织进行分析。

（5）作业过程中违章穿越线路。

管控措施：一是工作票中对作业人员避车地点进行明确，严禁跨线避车。现场作业人员较多时，需采取拉绳防护措施。二是严格执行上线防护相关规定，作业人员到达作业现场需穿越线路时，必须同驻站防护员取得联系，确认无列车通过，并设置专人防护的情况下，方可穿越线路。三是穿越站场线路遇有停留车时，严禁钻车，必须先确认机车、车辆暂不移动，然后在距该机车、车辆10 m以外绕行。穿越车辆空当时，首先确认车辆暂无移动后，再从两车组之间空当处迅速穿越，穿越两车组间空当的间距不得小于10 m，并要注意脚下有无障碍物及邻线机车、车辆动态。四是携带作业工具穿越线路时，防止工具侵入接触网安全距离或掉落线路，造成钢轨联电。

2. 触电伤害

（1）错误向停电区段接触网、电力、变配电送电。

管控措施：一是驻站防护员对送电调度命令的时间、区段、行别、馈线号等内容进行核对，确保正确无误。二是停、送电倒闸作业环节，调度命令必须一人拟写、一人核对卡控。作业人员对送电倒闸作业流程清楚、措施完善。三是坚决杜绝错报人数及提前约定时间或打手势办理停、送电。送电操作环节，必须一人操作、一人确认卡控，不得简化作业程序。四是倒闸操作后必须挂牌卡控，程控操作前，必须双人核对操作程序并严格卡控。

（2）误登、误入带电设备分间、杆塔、本体。

管控措施：一是确保工作票措施完备，做好充分的安全预想，按派工单提问作业人员作业内容及安全措施。二是作业前进行充分的安全预想，熟悉作业环境和作业内容，防止作业人员错入带电区或超出作业区。观看设备 2C 视频，标化明示图对停电设备进行明示。三是对带电部分及区段做好安全隔离，设置围栏、安全防护带等措施，并安排专人监护。四是现场检查安全措施落实情况，作业前再次确认作业时间、作业地点、杆号、作业项目等内容。

（3）误触带电设备或与带电设备安全距离不足。

管控措施：一是 V 形停电接触网检修作业使用的工作票右上角应加盖“上行”或“下行”印记。工作票中写明“上行（下行）封锁及停电，下行（上行）未封锁及有电，人员机具和作业车平台旋转不得侵入下行（上行）限界的范围”。二是在设备较复杂的区段作业时，应附页画出作业区段简图，标明停电作业范围、接地线位置，并用红色标记带电设备。三是作业人员及所携带的物件、作业工器具等与接触网带电部分距离小于 3 m 的远离作业，每个作业地点均要有专人监护，其安全等级不低于四级。四是作业中严格落实自控、互控、他控制度，发现作业人员违章作业时立即制止，互相监督提醒，共同确保安全。

（4）感应电、穿越电流伤害。

管控措施：一是接触网停电天窗作业和故障抢修，作业组两端必须时刻保持可靠接地，且地线范围内不得有任何形式的设备开口。二是签发工作票时应全面考虑“开口”作业的可能性，通过加挂接地线、装设短接线等措施杜绝“开口”作业，并在工作票中注明。三是进行 V 形天窗作业时，两端接地线距离不得超过 1 000 m，超过时需加挂地线，并保证每两组地线间距不得大于 1 000 m。四是凡距接触网设备 20 m 以内，有电压等级 35 kV 及以上、长度超过 1 000 m 的平行带电线路时，垂直天窗也要比照 V 形天窗作业设置加挂地线。五是短接线、随车地线应使用截面积不小于 25 mm^2 的裸铜绞线制成，并有透明护套保护，使用时连接牢固可靠。六是作业现场必须按工作票规定位置接挂地线（封线）、相应的短接线，接地靴接设时认真打磨钢轨，除去表层锈蚀，保证接触牢固、导流通畅。安装地线防风摆绳距接地靴 1.5 m 以外，戴绝缘手套进行操作。七是检修隔离开关、分段绝缘器、更换开关引线及分段绝缘器零部件时，必须先行接好短接线。八是利用 V 形天窗进行断开导电线索（含回流线、加强线、吸上线等附加导线）作业前，应先采取接设短接线或旁路措施，方可作业。九是更换接触网电连接时，必须先安装新电连接，确认接好后再拆除旧电连接。检修电连接时，不得同时打开同一支的承力索、接触线电连接线夹，如需同时打开，必须提前接好短接线。十是作业中对工作票确定的接地线位置应严格遵守，不得变更。事故抢修处理中的接地线位置，由现场负责人根据现场情况进行安排、确认，确保不存在设备开口。

（5）安全措施不完备，反送电。

管控措施：一是严格落实工作票措施，认真核对停送电时间、范围，操作环节必须一人操作、一人确认卡控，不得简化作业程序。二是由于用户私自使用 UPS 等供电设备，造成反送电到作业线路，首先将具备其他电源或 UPS 供电的入户开关断开，在引户线处加挂接地封线 1 组，防止反送电。三是箱变内二次设备停电作业时，必须指定专人盯控所有开关的停电流程，防止出现误操作或停电不彻底。四是三相四线制系统中如果分回路停电作业时，在停电作业的分回路零线侧增设接地封线，防止零线带电伤人。

（6）作业车平台限位装置不良，平台升起时接触网未停电或向未封锁、未停电线路旋转。

管控措施：一是作业前由轨道车司机与平台负责人共同检查确认作业车平台状态，确认限位装置状态。二是待停电命令下达，地线接设完毕后，方准组织人员登上作业车平台。三是作业车平台升降时，严禁人员上下平台。四是作业车平台旋转前，平台负责人确认转动方向，严禁向未封锁侧或未停电线路转动。

（三）消防安全

1. 供电关键处所发生火灾

管控措施：一是变配电所不得存放燃油等易燃易爆物品，按规定配备消防器材。变配电所亭、无人室、电缆径路等处所的杂草、杂物及时清理，消除火灾隐患。变配电所亭 UPS 电源及蓄电池等备用电源无异常。二是配电箱、弱电井、强电井按规范敷设电线，严禁堆放可燃杂物。三是氧气瓶、乙炔瓶存放场所严禁烟火，存放条件符合规定。材料工具库内易燃易爆危险品按规定隔离存放。四是在易燃易爆场所进行临时性焊接、切割作业或使用其他明火的临时性作业，按规定办理动火证。五是供电关键处所严禁燃放烟花爆竹。

2. 消防设施器材不符合规定

管控措施：一是消防器材按规定摆放，严禁挪作他用。消防器材数量齐全、压力正常、完好有效。二是严禁占用、堵塞、封闭疏散通道、安全出口、消防车通道。严禁埋压、圈占、遮挡消火栓。禁止在门窗周围设置影响逃生、灭火救援的障碍物。三是消防中控室设备状态良好，自动灭火装置无异常。常闭式防火门关闭良好。消防栓开关灵活，出水口连接状态正常，出水量及水压均符合要求。四是消防安全出口、疏散指示、消防标志、应急照明完好有效。

3. 用电安全不符合规定

管控措施：一是人员密集场所严禁使用不合格、国家明令淘汰的用电产品和电器设施。二是电器产品的安装、使用，电器线路的设计、敷设、维护保养、检测符合规定。三是严禁私拉乱接，严禁串联使用移动插座。办公室、宿舍严禁使用电磁炉、热得快、电热毯等大功率电器。四是移动式电器、手机、充电宝等充电器用后应随手断电。

4. 接触网作业车、检修列车消防安全隐患

管控措施：一是消防器材、破窗锤按规定摆放，严禁挪作他用。消防器材数量齐全、压力正常、完好有效。二是严禁占用、堵塞、封闭疏散通道、安全出口。接触网作业车、检修列车车辆车门、通过门等疏散通道畅通、标志明晰。三是接触网作业车、检修列车全列禁止吸烟，禁止携带易燃易爆物品，严禁使用明火作业或取暖，杜绝外来火源。四是轨道车库严禁违规存放燃油，废弃易燃易爆品及时清理。五是发电机启用、外电源接入、弓网取流接入等不同工况下，随车电工要实时监控消防动态。六是严禁私自架设电线、线缆，防止短路故障发生，严禁使用不合规格的熔断器，熔断器不得用其他金属丝代替熔丝，各导线端子连接牢固，导线绝缘老化或损坏时，须及时处理或更换。七是使用电器要注意插头、插座、线路完好，无超负荷使用，电器设备符合 3C 认证。各办公区域、宿营车做到人走电断。八是检修列车长期在外作业期间，随车备用的适量润滑油脂应集中存放在具备防火功能的容器内，且存放的容器不得有渗漏、损坏等现象，容器附近不得有棉丝等杂物，周边应设有灭火器等消防器具。

（四）事故案例分析

1. 案例一

扫码观看案例视频

作业票签发存在漏洞，各级审核把关不严谨
作业负责人违章作业，感应电击伤作业人员

2018 年 11 月 9 日，某供电段开闭所检修试验时，一名作业人员被感应电电击昏迷，经医院救治无效死亡。

（1）事故概况。

2018 年 11 月 9 日，某供电段检修车间检修试验组，按计划对开闭所进行 214 馈线检修试验及维护作业，因作业负责人违章拆除接地封线，导致另一名作业人员被感应电电击昏迷，送医院救治无效死亡。

（2）原因分析。

该供电段施工作业负责人违反《牵引变电所安全工作规程》有关规定，违章拆除 1 组接地封线是造成触电伤害事故的直接原因。事故调查过程中还发现存在以下问题：

① 工作票的实际发票人不具备发票人资格，在未告知工区副工长的情况下，擅自在工作票上将副工长填写为发票人。

② 铁路局供电调度和该供电段在审核工作票时，没有发现本应由三人及以上人员才能作业的项目，实际由两人进行，致使作业负责人违章参与作业。

③ 作业负责人作业前才收到工作票，没有足够的时间熟悉工作票内容及做

好准备工作。

④ 变电所值班员违反《牵引变电所安全工作规程》“随时巡视作业地点，了解工作情况，发现不安全情况要及时提出”的规定，未能及时发现和纠正作业组在作业过程中拆除接地封线的问题，现场互控缺失。

（3）定性定责。

根据《铁路交通事故调查处理规则》第十三条规定，构成铁路交通一般 B（B1）类事故，定该供电段全部责任。

（4）整改措施建议。

① 严格落实供电检修作业工作票签发、审核制度，从源头防范超范围作业、作业条件不具备、安全措施不全、临时变更作业内容等问题的发生。

② 切实加强现场作业管控，严格供电安全“红线”管理，落实供电作业基本安全工作制度。各级安全管理人员加大作业标准落实的监督检查力度，严肃查处现场作业“两违”行为。

③ 电气化区段作业前，对劳动防护用品的性能和状态进行检查，正确规范使用安全带、安全帽等劳动防护用品，确保施工维修作业过程中安全防护措施落实到位。

2. 案例二

扫码观看案例视频

作业车运行中应急处置措施不当
超速运行与停留作业车发生冲突

2017 年 9 月 27 日，某供电段接触网作业车组检修作业结束后，接触网作业车连挂时发生冲突。

（1）事故概况。

2017 年 9 月 27 日，某供电段 0113088（JJC）+0113013（JW−4G）+0113014（JW−4G）接触网作业车组施工结束后，0113014 号接触网作业车与停在 K238+199 处 0113013 号接触网作业车连挂时发生冲突，造成 0113013 号接触网作业车车钩损坏。

（2）原因分析。

0113014 号作业车距离 0113013 号作业车 700 m 左右发现该车，司机未及时采取紧急制动措施，仅使用单阀调速。因该地段为 2 100 m 的 16‰的下坡道，0113014 号作业车运行速度降低过慢，距离 0113013 号作业车 400 m 左右指导司机使用紧急制动，仍然超速撞上 0113013 号作业车。0113014 号作业车现场应急处置不当是造成调车冲突的直接原因。

（3）定性定责。

依据《铁路交通事故调查处理规则》第十五条规定，构成铁路交通一般 D（D1）类事故，定该供电段全部责任。

（4）整改措施建议建议。

① 深入查找接触网作业安全管理、施工组织、作业标准、教育培训等方面存在的问题，逐个问题制定解决方案，采取切实有效的防范措施，消除行车安全隐患。

② 作业负责人对当日施工安全重点、人身安全关键、结合部的施工安全隐患进行重点提示，提高施工预备会、安全预想会质量，所有施工人员必须对施工内容、非正常行车办法、限速条件做到心中有数。

③ 根据施工作业方案，细化作业车转线、运行径路、停车地点、解体连挂等关键环节的安全卡控措施，对措施执行情况明确专人进行检查盯控，确保各项安全措施落实到位。

3. 案例三

防护员作用发挥不到位，特殊地段未设中间防护
现场安全防护体系失效，作业车撞轧未下道人员

2018 年 3 月 13 日，某铁路线发生一起接触网作业车碰撞作业人员铁路交通较大事故。

（1）事故概况。

2018 年 3 月 13 日 9 时 13 分，51005 次接触网作业车运行至某铁路线 K178+200 处，撞轧 4 名工务作业人员，造成 4 人死亡。

（2）原因分析。

① 直接原因：一是某工电段工区驻站联络员履责不到位，当班期间不掌握该区间供电天窗作业情况，未通报接触网作业车运行情况。二是某工电段工区现场防护员脱岗，擅自离开作业现场。三是现场防护设置不符合规定，瞭望条件不良地段作业时未增设中间联络员，作业前未在作业地点两端插设作业标。

综上分析，作业现场安全防护体系失效是导致事故发生的直接原因。

② 间接原因：一是该工电段上级主管单位安全生产主体责任落实不到位，施工安全管理制度不健全，安全及专业管理人员配备不足。二是该工电段防护作业制度管理不完善，对劳务派遣人员安全教育培训流于形式。

以上管理方面问题是导致事故发生的间接原因。

（3）定性定责。

依据《铁路交通事故应急救援和调查处理条例》第十一条和《铁路交通事故调查处理规则》第十条规定，构成铁路交通较大事故。依据《铁路交通事故调查处理规则》第四十九条、第六十八条规定，定该工电段上级主管单位全部责任。

（4）整改措施建议。

① 加强上线作业安全管理，严格落实天窗点外上线作业防护设置的基本要求，确保防护体系健全、防护人员到位、防护备品齐全，确保安全有序可控。

② 强化营业线施工安全管理，认真落实施工、维修作业相关规定，严肃作业纪律，完善安全风险控制体系，全面落实安全风险管理责任。

③ 加强对施工作业现场的安全管控，作业前开好施工安全预想会，作业负责人传达作业内容和重点安全事项，确保施工安全防护体系健全、措施到位。

4. 案例四

接触网作业车吊臂超高，侵入安全限界放电跳闸

2020 年 9 月 17 日，某供电段接触网作业车作业过程中因吊臂超高与接触网间产生放电，导致接触网跳闸。

（1）事故概况。

2020 年 9 月 17 日 23 时 48 分，某供电段综合维修车间 0209901（JW-4G）+ 0209913（JZW）接触网作业车在某站 5 道作业时，因后车（0209913 号）高空作业车吊臂超高与接触网间产生放电，导致接触网供电臂跳闸。

（2）原因分析。

0209913 号高空作业车吊臂超高与接触网产生放电是造成接触网跳闸的直接原因。

经调查，9 月 16 日 13 时 10 分，该供电段机修车间轨道车班班组长随意组织对 0209913 号高空作业车的高空作业吊篮进行操作演练，事后未将吊臂复位，未确认吊臂已超过作业平台（原始状态 4 515 mm），造成该车副臂超高。

（3）定性定责。

根据《铁路交通事故调查处理规则》第十五条规定，构成铁路交通一般 D（D10）类事故，定该供电段全部责任。

（4）整改措施建议。

① 对接触网作业车司机一次出乘作业、交接班、日常演练等标准进行修订完善，明确司机出乘、操作、检修、演练等作业流程，制定作业机构、复轨器等作业指导书，明确操作标准，认真抓好落实。

② 加强接触网作业车起重设备的安全管理，起重设备操作人员必须取得相应资质，作业机构（作业平台、高空作业斗、拨线装置、随车起重机）的操作人员必须经设备管理单位培训合格，方能上岗操作。

③ 将接触网作业车车辆故障、行车安全装备故障、作业机构故障等应急处置办法，纳入作业负责人、作业车司机教育培训的重点内容，不断提升作业人员的能力素质。

5. 案例五

接触网吊柱侵入限界，与超限列车货物刮碰

2019 年 11 月 16 日，70001 次超限货物列车运行至某铁路线隧道内，接触网吊柱底部与机后第 3 位装载的超级超限货物刮碰。

（1）事故概况。

2019 年 11 月 16 日 4 时 27 分，70001 次超限货物列车运行至某铁路线隧道内 K3+065 处，因隧道上行线 178 号、180 号接触网吊柱底部较设计标准长 260 mm，吊柱底部距下行线轨面垂直距离分别为 5 146 mm 和 5 150 mm，水平侵入下行线基本建筑限界 106 mm 和 65 mm，且侵入此次运输的超限货物外形轮廓，吊柱底部与机后第 3 位装载的超级超限货物变压器运行方向右侧顶部刮

碰，造成吊柱倾斜、腕臂断裂。

（2）原因分析。

2015 年 11 月至 2017 年 7 月，该隧道接触网工程施工过程中，施工、监理和建设单位履责不到位，没有按照设计标准进行施工、监理、验收，致使部分接触网吊柱侵入基本建筑限界，给事故发生埋下了严重的安全隐患。

设备管理单位某供电段在日常设备维护管理及每年进行的设备限界复测中，漏测接触网吊柱对邻线的限界，致使接触网吊柱侵限的隐患长期存在，尤其是在此次超限货物运输准备过程中，未进行现场复核，就主观判断无侵限设备，造成了该事故的发生。

（3）定性定责。

依据《铁路交通事故调查处理规则》，构成铁路交通一般 C（C16）类事故。定该供电段主要责任，该区段接触网改造项目部、监理公司重要责任，该区段接触网改造工程建设指挥部次要责任。

（4）整改措施建议。

① 规范行车设备基础数据建档工作，定期对设备现状进行检查、对数据进行复测，所有设备检查时间和数据登记备案，发现设备隐患立即进行整治。

② 开展设备限界安全隐患排查整治工作，确保限界数据完整、准确，侵限设备整治到位。

③ 强化施工源头质量管理和验收把关，新建和设备改造施工中，严格按照设计、施工规范进行检查、验收，特别是对各类轨旁设备限界进行认真测量、复核，对设备侵限问题要早发现、早整治，确保设备限界达标。

六、工务系统典型安全风险管控措施及事故案例分析

（一）行车安全

1. 线路、道岔脱轨

管控措施：一是重点控制尖轨尖后 200～500 mm 关键部位掉块，尖轨尖后 500 mm 至岔前 18 m 范围内关键区域几何尺寸超限。二是及时更换重伤设备，护轨磨耗不超 10 mm。三是落实周期检查、岔区巡视，重点检查复紧护轨螺栓、

间隔铁及顶铁螺栓、心轨水平螺栓等关键连接零件；重点控制三角坑；按规定设置曲线加宽值及递减率，轨距容许偏差取正值偏大范围。四是防控曲线线型严重不良，曲线头尾防止出现较大变坡点，防止三角坑超限，控制曲线超高顺坡率≤2‰，曲线要素准确，正矢不超保养容许偏差。

2. 线路、道岔轨件断轨

管控措施：一是及时更换或加固伤损设备。二是加强钢轨探伤现场作业标准化和探伤数据分析。三是对重点地段、关键设备进行现场检查，同时做好设备整修和防断工作。四是对重点设备检查或整修后，管理人员进行设备质量抽检。

3. 线路涨轨造成列车脱轨

管控措施：一是做好无缝线路的位移观测和数据分析。二是根据检查数据和设备情况及时进行无缝线路放散。三是高温季节到来前做好轨缝调整工作。四是进行扰动道床的施工作业要做好线路巡查工作。五是组织对重点地段进行检查，落实防胀相关规定。

4. 轨道车事故

（1）轨道车冒进信号、挤道岔。

管控措施：一是正副司机确认信号，进出站、道口、重点区段副司机立岗，呼唤、手比、眼看。二是加强联控，不联控不动车，车站不主动联控时司机补控，联控用语准确清晰。三是掌握列车运行径路上特殊信号机的位置，信号显示不明立即停车。

（2）轨道车溜逸。

管控措施：一是车辆停留时按规定做好防溜。二是司机熟知运行区段长大坡道具体里程，行驶在长大下坡道时，应适时使用制动机，防止超速及放飏，不得熄火或采用空挡溜放。三是多组车辆重联时，必须确认防溜，加强互控。

（3）线路清筛作业车污土输送带刮碰行车设备。

管控措施：一是清筛作业接近高柱信号机、接触网支柱时，提前插设警示标志杆。二是清筛机作业中加强污土带的监控，指挥清筛车污土带过杆。三是确保污土带与接触网支柱和信号机柱保持 0.5 m 以上安全距离，及时告知操作人员注意安全。

5. 无调度命令施工、超范围施工、超范围维修作业

管控措施：一是严格施工、维修作业计划的审批程序，按照调度命令进行施工登记。二是所有施工、维修作业必须在车站（调度所）进行登记。三是施工、维修作业点前不得超范围准备。四是施工、维修作业项目内容必须与批准或登记的作业项目内容一致。

6. LKJ 数据错误

管控措施：一是线路基础数据发生变化后，及时更新数据。二是添乘检查发现 LKJ 数据与设备基础数据不一致时，应立即向有关部门反映数据存在的问题。

（二）劳动安全

1. 作业防护失效

（1）安全防护体系失效。

管控措施：一是按规定设置防护员，保证通信联络畅通，规范安全防护的时机和用语。二是防护员（驻站、远方、中间、现场）不得离岗、脱岗，从事与防护工作无关事项。三是及时修订上线作业安全防护制度，对防护作业标准落实情况进行检查考核。

（2）作业人员被机车、车辆撞轧。

管控措施：一是防护体系健全，大站场作业明确避车地点、通报行车径路、跨线专人防护。二是列车通过作业地点后，现场防护员没有征得驻站防护员同意，不得组织作业人员盲目上道。三是避车时人员不得站到两线间或邻线避车。四是单人不得远离作业群体，往返现场执行同去同归制度，行走固定径路。

（3）工、机、料具碰撞作业人员。

管控措施：一是执行工机具清点制度，确保上下线工具数量保持一致。二是作业现场不得违规使用小车，工、机、料具不侵限、遗漏。三是小车使用时必须有足够人员跟随，保证小车能随时撤出线路并防止溜逸。

2. 高处坠落

管控措施：一是作业前进行充分的安全风险研判，制定防止高处坠落安全措施。二是作业人员按照规定佩戴安全帽、安全带，安全带高挂低系。三是高处作业平台、临边设施牢固，攀登作业时严禁手中持物，抓紧蹬稳。四是冬季高处作业时，注意采取保暖措施，着装紧衬利落。

3. 触电伤害

管控措施：一是在线路上作业时，严禁倚靠、攀爬接触网设施，雨天作业不得在接触网下使用金属杆雨伞。二是连接两横一纵连接线时，必须按规定穿戴绝缘用品。三是遇有接触网断线，保持 10 m 以上的安全距离。四是电气化区段不得攀登列车、车辆或轨道车顶部。

（三）外部环境与综合治理安全

1. 水害及地质灾害影响正常行车

管控措施：一是细化防洪预案和防汛措施，对山区地段设置封锁警戒值，确保汛期行车绝对安全。二是建立以轨道车联合检查、机车添乘检查为主，视频监控、人工徒步排查为辅的多样化防洪检查形式。三是汛期前做好重点地段的隐患排查，对防洪重点地段的安全隐患确保汛期前整治到位。四是桥涵、防洪安全重点地段公示汛期值班电话，对发现和防止安全隐患的人员进行奖励。

2. 公路与铁路并行地段护栏存在安全隐患

管控措施：一是铁路路堑上或安全保区内的公路，公路机动车辆有可能冲（坠）入铁路限界的，均应设置公铁并行护栏。二是护栏设置标准符合《公路交通安全设施设计规范》规定的标准。三是加强外部环境检查，建立公铁并行护栏日常巡查制度，存在的隐患问题建立问题库，及时组织整治或发函公路产权单位或管理部门要求整改，并跟踪整治结果。

（四）建设安全

1. 顶桥、顶管造成路基塌方

管控措施：一是严格按方案施工，严禁施工过程中随意变更施工方案。二是加强对线路基础、线路加固体系的检查，按规定填写检查记录。三是工务监护人员按时到岗到位，按照要求履行监护职责，监护日志内容填写齐全。

2. 上跨桥施工梁体或施工机械倾覆

（1）梁体高空坠落、倾覆。

管控措施：一是严格按方案施工，严禁施工过程中随意变更施工方案。二是吊梁时，应先试吊，吊钩中心位置应垂直于梁体中心位置。三是高空作业涉及的地面区域设置安全警示标识，闲杂人员不得进入作业区域。四是梁体就位后及时采取稳固措施。

（2）大型机械设备倾覆。

管控措施：一是架桥机（吊车）资质、性能、型号等满足施工要求，有专业人员操控。二是大型机械设备作业半径的地面区域设置安全警示标识，闲杂人员不得进入作业区域。三是当两台吊装机械同时作业时，两机吊钩所悬吊构件之间应保持 5 m 以上的安全距离，避免发生碰撞事故。四是吊装作业时，应有专人负责统一指挥，指挥人员应位于操作人员视力能及的地点，并能清楚地看到吊装的全过程。

（五）事故案例分析

1. 案例一

扫码观看案例视频

锁定轨温数据错误，发生胀轨列车脱轨

2019 年 5 月 3 日，K264 次旅客列车运行至某站 3#道岔处，机车及机后 1 至 2 位车辆脱轨。

（1）事故概况。

2019 年 5 月 3 日 14 时 29 分，K264 次旅客列车以 50 km/h 的速度运行至某站 3#道岔处，机车及机后 1 至 2 位车辆脱轨并侵入下行线，无人员伤亡，中断下行线行车 12 小时 28 分钟，中断上行线行车 14 小时 1 分钟。

（2）原因分析。

事故地段道岔于 2018 年 12 月 24 日投入使用，某工务段进行无缝线路胶接施工时气温为 −16.1 ℃，并按此锁定轨温，超出设计锁定轨温范围。事故发生时当地气温为 20.2 ℃、轨温 37 ℃，锁定轨温和实际轨温差达 53.1 ℃。工务段未按规定针对气温回升情况及时实施应力放散，轨道发生胀轨，造成 3#道岔尖轨与基本轨离缝。K264 次旅客列车运行至此，机车车轮从尖轨尖端处挤入道岔直尖轨与曲基本轨间缝隙，导致脱轨。

（3）定性定责。

依据《铁路交通事故应急救援和调查处理条例》《铁路交通事故调查处理规则》规定，构成铁路交通较大事故，定该工务段全部责任。

（4）整改措施建议。

① 严格落实设备养护维修和作业标准，加强无缝线路锁定轨温管理，落实监测监控措施，对冬季施工、低温锁定地段进行全面普查，确保轨道结构强度和稳定性满足运营安全。

② 对新建、改建线路加强运营设备动态管理和检查检测力度，及时发现消除安全隐患，落实开通过渡期安全保障措施，保证新线开通运营安全。

③ 紧盯安全关键和薄弱环节，以通行旅客列车线路为重点，在安全管理、设备运用维护、施工安全管理、现场作业等方面强化管理，加强风险分析和管控，加大安全隐患整治力度，坚决遏制重特大事故发生。

2. 案例二

扫码观看案例视频

登车顶处理设备故障，未确认停电触电死亡

2017 年 9 月 13 日，某工务机械段线路工在接触网未断电情况下，盲目登上机械车组前后两个司机室间污土传送带，侵入接触网限界触电。

（1）事故概况。

2017 年 9 月 13 日 13 时 45 分，某工务机械段清筛车间三队的施工机械车列在车站 7 道休整期间，负责 10 号清筛机司机室外部车体保洁的线路工，盲目登上前后两个司机室间污土传送带（长 6.5 m、高 4.7 m），准备跨越衔接平台清扫司机室顶部的污土杂物时，侵入 27.5 kV 接触网限界，身体触电，经抢救无效死亡。

（2）原因分析。

该线路工安全自保意识差，在接触网未停电的情况下，违章登上清筛车辆顶部进行作业是造成触电伤害事故的直接原因。

（3）定性定责。

依据《铁路交通事故调查处理规则》第十三条规定，构成铁路交通一般B（B1）类事故，定该工务机械段全部责任。

（4）整改措施建议。

① 提高干部职工人身安全自保意识，对防止“车辆伤害、起重伤害、高处坠落伤害、触电伤害”等惯性事故安全知识进行再培训、再教育，用血的教训再一次提升对人身安全的敬畏感，做到安全自律、自警、自保。

② 电气化区段作业前，必须进行安全预想，制定严格的防触电安全措施。接触网须停电时，必须由供电部门按程序办理停电手续，装设可靠的临时接地线，并设专人监护后，方可进行作业。

③ 电气化区段各单位每年必须组织作业人员进行电气化安全措施的专门学习培训和考试，考试合格后方准在电气化区段作业。非电气化区段调入电气化区段的人员必须进行安全培训，经考试合格后方准上岗。

3. 案例三

工务小车违章上线，客车碰撞耽误列车

2018年9月25日，某工务段作业人员在未办理任何上道手续的情况下，违章使用施工作业小车，造成旅客列车碰撞工务作业小车事故。

（1）事故概况。

2018年9月25日，某工务段维修工区副班长带领工区人员，按计划前往管内上行线K284+100～K286+000栅栏外进行砍青作业。带班人考虑工区9月25日夜间天窗计划在上行线进行改道、涂油作业时转运材料不便，临时决定利用汽车将防锈油脂提前运送到K284+900处，再用小车运送至K284+600处。9时40分砍青作业结束后，在未办理任何上线手续的情况下，副班长等3人私自拆开K284+900处网片，将油桶和小车搬入栅栏内。9时45分联系驻站防护员确认无车后，使用小车推运防锈油脂作业。10时07分驻站防护员报告上行线列车接近，作业人员没有将小车及时移出限界。10时11分，K556次开过来与小车发生刮碰停车。

（2）原因分析。

当日作业带班人临时动意、违章指挥蛮干，当日参与作业的人员对带班人擅自改变作业内容也未提出异议，现场作业联防互控失效。防护员未严格落实

随车防护职责，参与作业，在列车通过前没有及时确认小车是否撤离至安全位置。该工务段违章利用列车间隔使用小车上线作业，并将小车放置在轨枕头侵入限界，被 K556 次列车刮碰是造成事故的直接原因。

（3）定性定责。

依据《铁路交通事故调查处理规则》第十四条规定，构成铁路交通一般 C（C13）类事故，定该工务段全部责任。

（4）整改措施建议。

① 严格小车上线管控，根据营业线施工安全管理相关规定，进一步强化工、机具管理，确保工、机具在登记、出库、使用、收回等环节的全过程安全管控。

② 强化现场作业安全管理，加大对施工维修作业的监督检查力度，坚决打击违章蛮干行为，对于触碰“红线”问题要严格进行追责，对干部违章指挥和带班人带头违章蛮干的行为要坚决从严问责。

③ 进一步规范上线作业的安全管理工作，严格卡控施工计划编制、安全预想、干部盯控、安全防护、班后总结等关键环节，确保施工作业有序可控。

4. 案例四

钢轨夹板质量不良，长期存在安全隐患
日常养护流于形式，夹板断裂列车脱轨

2019 年 3 月 17 日，32050 次货物列车运行至某铁路线隧道内，机后 11 位至 16 位车辆脱轨。

（1）事故概况。

2019 年 3 月 17 日 22 时 38 分，32050 次货物列车以 30 km/h 速度运行至某铁路线隧道内，机后 11 位至 16 位车辆在隧道内脱轨，列车停于 K5+219 处。经救援，3 月 18 日 22 时 10 分开通线路，中断行车 23 小时 32 分钟，构成铁路交通较大事故。

（2）原因分析。

该铁路线 K5+462 处下行方向右股钢轨接头处的 1#和 2#夹板非金属夹杂物、1#夹板拉伸与硬度均不满足有关技术要求，导致两块夹板发生疲劳断裂。夹板断裂后，在车轮的冲击下引发与其相连接的异型轨折断并甩头，致使车辆运行至断轨处脱轨是事故发生的直接原因。

设备管理单位某工务段对再用夹板上线使用前未认真鉴定，上线使用后日常检修不到位是事故发生的重要原因。

（3）定性定责。

依据《铁路交通事故调查处理规则》第十条、第五十二条规定，该铁路线货物列车脱轨是一起因产品质量不良、检修不到位导致的责任铁路交通较大事故。定钢轨夹板生产厂家主要责任，设备管理单位某工务段重要责任。

（4）整改措施建议。

① 物资管理部门强化铁路专用设备采购管理，认真执行采购程序、评审标准，有效控制采购的产品质量，把好入库检验关，切实保障铁路运输安全。

② 设备使用单位加强对铁路专用设备的质量监控，使用过程中发现质量问题记录在案，对由于铁路专用设备质量问题引发的设备故障和事故，进行责任追究和赔偿。

③ 加强设备日常养护维修工作，对各种设备安全隐患建立问题库，纳入整治计划，做到发现一处、解决一处，保证设备质量达标。

5. 案例五

捣固车连挂作业发生相撞，车上人员坠落侵限被刮碰

2018 年 10 月 11 日，某工务机械段工务捣固车连挂过程中相撞造成作业人员坠落侵限，被通过列车刮碰致死。

（1）事故概况。

2018 年 10 月 11 日 5 时 37 分，某工务机械段进行线路大机捣固维修作业，2 台大型捣固车连挂过程中发生相撞，造成 1 名线路工从大型捣固车上坠下侵入下行线，被通过的 21037 次货物列车刮碰致死，同时还造成大型捣固车上 4 人轻伤。

（2）原因分析。

某工务机械段 01537 号大型捣固车司机违章作业：一是在作业完毕与 01538 大型捣固车连挂前，没有将 GYK 运行监控装置转为区间编组作业模式（限速 20 km/h），而是错误使用补机模式状态（限速 80 km/h），导致连挂速度失去 GYK 监控，连挂过程中实际运行速度高达 50 km/h；二是在本机返回运行时没有及时对标，使 GYK 设置的车位滞后实际车位 400 m；三是臆测行车，采取制动措

施不力。以上问题是造成工务捣固车连挂过程中相撞的直接原因。

（3）定性定责。

依据《铁路交通事故调查处理规则》第十三条规定，构成铁路交通一般 B（B1）类事故，定该工务机械段全部责任。

（4）整改措施建议。

① 进一步细化施工安全管理措施，完善重点环节卡控程序，有针对性地研判施工安全风险，精心编制施工方案和施工安全措施。

② 提高施工预备会质量，认真研究解决施工主体单位与配合单位的结合部问题，对涉及人身安全和行车关键的施工结合部问题，必须做到责任界定清晰。

③ 建立健全 GYK 日常运行数据转储分析、故障处置等基本管理制度，规范数据分析管理流程，定期分析通报 GYK 使用及管理情况，及时解决日常工作中存在的问题。

七、电务系统典型安全风险管控措施及事故案例分析

（一）行车安全

1. 联锁、列控设备联锁关系失效

（1）未履行审批手续，擅自修改或允许他人修改联锁电路或软件、报文更新。

管控措施：一是修改联锁电路或软件、报文更新等项目严格组织审批，确保手续齐全、方案安全可靠。二是落实联锁试验工作制度，现场进行联锁试验工作必须按规定在天窗点内或施工点内进行。三是对工程（施工）仿真试验、模拟试验、开通试验、验交试验过程进行检查，发现违反联锁纪律问题果断制止。四是联锁试验措施中明确专人负责、专人指挥、专人操作、专人监督。

（2）联锁试验未按规定制定、审批联锁试验方案。

管控措施：一是落实联锁审批、试验和开通把关制度，对涉及电路修改和各类信号软件变更的，按照规定程序上报审批。二是盯控涉及重大联锁试验项目施工方案，组织审定有关联锁试验工作。三是按规定制定联锁试验方案，联锁试验方案按规定存档。

（3）联锁试验未明确专人负责、专人指挥、专人操作、专人监督制度。

管控措施：一是针对施工作业，制定专项联锁试验方案，明确联锁试验作业人员分工。二是严格落实联锁试验组织流程，按照标准化作业程序作业。三是加强联锁试验的检查盯控，对各项制度落实情况进行检查，严格落实岗位责任制要求。

2. 轨旁设备侵入建筑限界

（1）设备倒塌侵入建筑限界。

管控措施：一是深入现场调研无线通信铁塔、露缆、线杆等设备运用维护情况。二是充分利用年度大修资金，有序推进年度无线通信铁塔、露缆、线杆等设备大修工作。三是加强轨旁设备的日常监督检查，发现质量问题立即组织整修。

（2）信号设备及信号标志牌侵限。

管控措施：一是限界测量数据准确，设备安装稳定、牢固。二是明确检查形式和检查周期，发现信号设备及信号标志牌设备异常后，立即组织整修。三是制定、实施轨旁设备整治方案及设备防洪整治方案，按计划完成整治任务，确保设备安装固定良好，防护措施完善。四是在大风、强降雨等恶劣天气后，组织人员对信号设备及信号标志牌状态进行检查，发现问题后立即组织整修。

3. 车载设备数据错误

（1）数据换装错误。

管控措施：一是及时与机务部门共同进行 LKJ 数据模拟试验。二是参加换装协调会，提出电务车载设备换装工作方案。三是现场盯控或组织专人盯控 LKJ、GYK 数据换装工作。

（2）LKJ 数据测量、提报不准确。

管控措施：一是加强添乘检查，现场核对运行过程中机务部门反馈的问题。二是及时复核现场测量数据及 GPS 无线定位打点测量数据。三是针对车载数据反馈问题，及时沟通，共同确认。四是规范人工测距方法，尽量避免因外界因素产生的误差。

4. 轨道电路因特性调整不当导致轨道电路残压超标

管控措施：一是按照规定的周期做好轨道电路集中检修、轨道调整电压及分路残压测试工作，确保电特性值符合《维规》标准。二是深入现场指导站区

（车间）、班组对轨道电路电特性进行检查和调整。三是充分利用微机监测设备查看分析轨道电路特性调整情况。四是定期组织开展轨道电路电气特性检查，指导现场进行轨道电路标调，动态完善轨道电路电气特性调整台账。

5. 无调度命令施工、超范围施工、超范围维修作业

管控措施：一是严格施工计划的审批程序，按照调度命令进行施工登记。二是所有施工、维修作业必须在车站（调度所）进行登记。三是施工、维修作业点前不得超范围准备，作业地点不得超过批准的作业范围。四是施工、维修作业项目内容必须与批准或登记的作业项目内容一致，不得超范围作业。

（二）劳动安全

1. 作业防护失效

（1）安全防护体系失效。

管控措施：一是防护员（驻站、现场、中间、远端）不得离岗、脱岗，从事与防护工作无关事项。二是按规定设置防护员，保证通信联络畅通，规范安全防护的时机和用语。三是防护员上岗前，由作业负责人检查防护用品状况是否良好，电台、录音笔等备品状况不良时，严禁上线作业。四是及时修订上线作业安全防护制度，对防护作业标准落实情况进行检查考核。

（2）作业人员被机车、车辆撞轧。

管控措施：一是防护体系健全，大站场作业明确避车地点、通报列车运行径路、跨线专人防护。二是列车通过作业地点后，现场防护员没有征得驻站防护员同意，不得组织作业人员盲目上道。三是单人不得脱离作业群体，往返现场执行同去同归制度，行走固定径路。四是现场作业人员较多时，应增加现场防护员，使用扩音器、现场拉绳防护等安全措施。

2. 高处坠落

管控措施：一是作业前进行充分的安全风险研判，制定防止高处坠落安全措施。二是作业人员按照规定佩戴安全帽、安全带，安全带高挂低系。三是高处作业平台、临边设施牢固，攀登作业时，严禁手中持物，抓紧蹬稳。四是冬季高处作业时，注意采取保暖措施，着装紧衬利落。

3. 触电伤害

管控措施：一是在线路上作业时，严禁倚靠、攀爬接触网设施，雨天作业不得在接触网下使用金属杆雨伞。二是连接两横一纵连接线、更换扼流变压器、中心连接板时，必须按规定穿戴绝缘用品。三是遇有接触网断线，保持 10 m 以上的安全距离。四是在电气化区段不得攀登列车、车辆或轨道车顶部。

（三）外部环境与综合治理安全

1. 恶劣天气条件造成设备倾倒或脱落

管控措施：一是遇有恶劣天气，及时组织电务人员采取机车添乘、现场巡视的方式进行设备检查。二是对高柱设备提前采取加固措施，防止出现设备倾斜、断裂等安全隐患。

2. 暴风雨水淹设备或冰雪击打设备

管控措施：一是防洪及防寒前检查各级应急预案制定情况，重点检查应急处置措施是否具有针对性，是否存在缺项、漏项或修订不及时等问题。二是防洪、防寒期前，对防洪及防寒物资储备进行检查，确保应急处置相关物品齐全良好。三是不良天气下加强室内外设备巡视检查力度，加强与兄弟单位联系沟通，做好联防。发生洪涝灾害，与工务部门联合做好抢险工作。冬季需要上道除雪，与车务、工务部门做好联防。四是针对汛期、防寒期季节特点，做好设备抢险抢修应急演练工作。

3. 外部环境造成光电缆中断

管控措施：一是加强施工监护配合，保证施工期间电缆安设到位，防护措施良好。二是定期深入现场对施工处所的光电缆防护措施进行检查，重点检查电缆埋深是否达标，电缆标桩及警示牌是否齐全良好。三是加强对护网外电缆的巡视检查力度，同时结合春耕、秋收防止动土对电缆造成侵害。四是对施工地段采取加密电缆标桩、警示牌等补强防护措施，防止破坏、挖断电缆事故。

（四）建设安全

1. 营业线或邻近营业线施工安全防护不到位设备侵限

管控措施：一是制定营业线或邻近营业线施工及监护作业指导书，明确施工监护、施工作业标准。二是制定施工监护、施工安全协议、施工配合方案，设备单位安排胜任人员履行监护职责。三是加强对施工安全的监督检查，发现典型的施工安全隐患立即召开分析会，制定整改措施。四是对光电缆采取迁改措施，不能迁改的做好硬隔离防护。

2. 营业线或邻近营业线无计划、超范围施工

管控措施：一是严格审核施工方案，签订施工安全协议、编制施工计划。二是严格施工计划的审批程序，按照调度命令进行施工登记。三是施工、维修作业项目内容必须与批准或登记的作业项目内容一致。四是施工监护单位在受理配合监护通知单时，应对照月度施工计划进行签认。

（五）事故案例分析

1. 案例一

扫码观看案例视频

通信联络不畅，现场防护员未在规定位置防护
防护体系失效，列车通过岔区时撞轧作业人员

2018 年 11 月 1 日，某电务段在车站组织加装道岔融雪装置作业，X301 次行包列车运行至道岔处撞轧现场 6 名作业人员。

（1）事故概况。

2018 年 11 月 1 日，某电务段信号车间检修工区在车站组织加装道岔融雪装置作业，现场共 10 名作业人员。其中检修工区人员 3 人，委外人员 7 人。9 时 41 分，X301 次行包列车运行至车站 166#道岔区域处，撞轧现场作业人员 6 人，造成 6 人死亡。

（2）原因分析。

事故发生时 X301 次列车比图定运行时间早点 16 分钟通过车站，负责现场防护工作的检修工区现场防护员没有在规定位置按标准进行安全防护，没有保持与驻站防护员的信息联控。驻站防护员没有在 X301 次列车早点通过上一车站时，向现场防护员进行第一次预告，在第二次、第三次预告没有得到现场防护员回复的情况下，未及时采取有效措施防护。作业现场安全防护体系失效是

导致事故发生的直接原因。

（3）定性定责。

依据《铁路交通事故应急救援和调查处理条例》《铁路交通事故调查处理规则》有关规定，构成铁路交通较大事故，定该电务段全部责任。

该电务段领导责任落实不到位，施工安全管理混乱，卡控措施缺位失效，分别给予该电务段段长、党委书记、分管生产副段长行政撤职、撤销党内职务处分，分管安全副段长免职，给予记大过处分。

该电务段相关科室没有编制道岔加装融雪装置Ⅲ级施工安全技术组织措施，对施工“天窗”外作业审批随意，信号车间、工区将本该施工“天窗”内的施工项目放在施工“天窗”外施工作业，车间干部未到现场盯控。工区对防护工作不重视，没有按规定进行防护。在施工现场遇雾霾天气时疏于防范，没有采取进一步的严格防护措施。分别给予信号技术科、安全调度科、信号车间、检修工区有关人员 12 人行政撤职、记大过、记过、撤销党内职务、留用察看处分。

（4）整改措施建议。

① 加强营业线施工安全管理，严肃查处违规点外上线作业、擅自变更作业计划、盯控制度不落实、防护不到位等严重违章问题，确保施工安全。

② 全面排查各类安全隐患，落实安全生产主体责任，坚持问题导向，着力堵塞安全管理漏洞，坚决防范和杜绝此类事故再次发生。

③ 全面加强现场作业管理，规范劳动用工管理，加强从业人员教育培训，狠抓规章制度落实和作业标准落实，及时纠正简化作业程序和违章作业行为。

2. 案例二

扫码观看案例视频

联锁试验配线错误，信号升级耽误列车

2019 年 10 月 14 日，某电务段施工错误配线导致信号显示升级，耽误列车运行。

（1）事故概况。

2019 年 10 月 14 日 7 时 22 分，60162 次货运列车运行至某站上行线 1294G 时，前方 1280 信号机错误点红灯，1294 信号机应显示红灯却升级显示为黄灯。8 时 18 分，电务人员处理后恢复正常使用。

（2）原因分析。

10 月 14 日 5 时 20 分至 6 时 50 分，某电务段在车站机械室进行区间逻辑检查施工，在 1280G 及 1294G 组合侧面焊接配线时，没有按配线表对配线进行导通核对，没有发现前期施工单位放线交叉错误，将 1294GJ（轨道继电器）励磁电路与 1280GJ 励磁电路的两条配线配反，施工后没有进行联锁试验就盲目开通。当开通后第一趟列车运行至 1294G 时，1294QGJ（区间轨道继电器）落下错误切断 1280GJ 励磁电路造成 1280GJ 落下，由于信号机点灯电路采用的是 GJ 条件，CTC 轨道区段显示采集的是 QGJ 条件，导致 1294G 轨道区段虽然正常显示红光带，但是 1294 号信号机应显示红灯却升级显示为黄灯，而 1280 信号机应显示绿灯却错误显示红灯。

综上所述，施工过程中错误配线是造成信号显示升级的直接原因。

（3）定性定责。

依据《铁路交通事故调查处理规则》第十四条规定，构成铁路交通一般 C（C8）类事故，定该电务段全部责任。

（4）整改措施建议。

① 严守信号联锁纪律，电务部门要加强各级专业管理和试验人员安全警示教育，进一步提高对信号联锁安全重要性的认识。

② 电务部门要高度重视施工作业安全，做到施工作业方案重点明确，安全措施到位，盯控技术人员配备合理，对可能发生的各种隐患制定有针对性的卡控措施，确保施工过程有序可控。

③ 不断提高信号设备故障的应急处置能力，发现信号设备故障要沉着应对，认真排查故障点源，果断查明故障原因，坚决杜绝应急处置过程中的违章作业和违章指挥。

3. 案例三

电务检修作业设备故障耽误列车
应急处置措施不当存在更大隐患

2018 年 3 月 7 日，某电务段施工作业导致列车占用丢失，影响设备正常使用。

（1）事故概况。

2018 年 3 月 7 日 7 时至 9 时，某电务段车间主任利用维修天窗带领作业人员在车站下行区间进行轨道电路检修作业，查找 13149G、13137AG 电缆芯线对地绝缘不良。查找处理过程中，错将区间综合柜 QZH1–D3–3（13149G–FS）、4（13149G–JS）端子电缆芯线接反，天窗结束正常销点。9 时 37 分，X31055 次列车通过车站时，下行线 13137G 闭塞分区逻辑检查报警，13137 信号机亮红灯，同时 3DG、7DG 显示绿光带。9 时 51 分，电务人员将错误电缆芯线重新调整插接后，销记恢复设备正常使用。

（2）原因分析。

该电务段信号工区派工单中的安全措施不全面，没有制定同时拆除 2 条及以上电缆芯线防止错误插接的卡控措施，作业过程中，没有注意到综合柜电缆线套管上端子号标识模糊不清，也没有在套管上重新标识或采取其他措施防止电缆芯线错序，只是简单地把 QZH1–D3–1、3 端子电缆芯线扭在一起，D3–2、4 端子电缆芯线扭在一起，后续抽动备用芯线时造成原先扭在一起的芯线散开，且在恢复时没有认真确认两条白色芯线的用途是导致电缆芯线接错，列车占用丢失的直接原因。

这起事故还暴露出以下问题：

① 作业完毕未确认设备状态就盲目销记，电务车间、工区作业人员天窗作业完毕，室内人员没有利用信号集中监测对有关轨道区段电压特性进行浏览确认，盲目认为红光带消失设备已恢复正常就进行了销记，盯控的车间干部也没有提醒，造成 13149G 接收电压异常升高的隐患没有被及时发现。

② 应急处置中存在严重违章行为。天窗作业结束销记后，工区室内人员发现 13149G 电压异常升高，车间主任核实发现电缆芯线接反后，没有登记停用

设备或通知车站值班员，放任隐患设备继续使用，造成天窗后第一趟列车通过时占用丢失，给行车安全带来严重隐患。在 X31055 次列车通过后，急于进行处理，又违反电务基本规章“三不动”的规定，没有登记停用设备就进行电缆芯线的倒接。

（3）定性定责。

依据《铁路交通事故调查处理规则》第十五条规定，构成铁路交通一般 D（D9）类事故，定该电务段全部责任。

（4）整改措施建议。

① 加强电务基本规章的学习，增强红线意识和底线思维，日常作业要充分做好安全预想，严格落实基本规章制度，确保现场作业安全。

② 电务部门要高度重视日常天窗作业，根据天窗作业内容进行充分的安全预想，制定详细的作业方案，对于简化程序、违章处置、违章上线作业要及时制止纠正，确保人身安全、行车安全。

③ 提高应急处置工作质量，杜绝应急处置过程中的二次违章，针对存在的安全风险和可能发生的问题制定可行的管控措施，保证应急处置临危不乱、果断应对、正确处置。

4. 案例四

联锁管理不到位，信号电路设计错误
施工审图不认真，机车掉码耽误列车

2019 年 8 月 21 日，某站由于信号设计错误导致机车掉码，影响列车正常运行。

（1）事故概况。

2019 年 8 月 21 日，某站联锁换装Ⅱ级施工，17 时 16 分开通。21 时 11 分，21035 次列车Ⅰ道运行越过出站信号机后，司机汇报机车收不到码。21 时 24 分，Z258 次列车Ⅱ道运行越过出站信号机后，司机也汇报机车收不到码。23 时 03 分，电务处理后恢复设备正常使用，耽误客车 5 列、货车 5 列。

（2）原因分析。

某设计院出具的该站计算机联锁电路原理图中，错误将上行发码继电器

（SFMJ）与下行发码继电器（XFMJ）励磁电路使用的区间第一离去组合位置标反，配线图中 S1LQJ、X1LQJ 第 8 组前接点错误交叉使用，当上行一离去占用时，XFMJ 错误失磁落下切断下行发码电路，当下行一离去占用时，SFMJ 错误失磁落下切断上行发码电路。

综上所述，信号设计错误是造成机车掉码的直接原因。

（3）定性定责。

依据《铁路交通事故调查处理规则》第十五条规定，构成铁路交通一般 D（D9）类事故，定该设计院主要责任。

设备管理单位某电务段联锁管理不到位，图实核对不认真，进行站内电码化模拟试验时，正线发车进路最末端区段切码时机试验没有按照《铁路信号联锁试验暂行办法》（铁运〔2010〕149 号）规定进行，导致没有及时发现设计错误。且事故发生后，电务段实验室、安全科负责人编造虚假原因，谎报断路器配线虚接，副段长到现场后不制止并默许上报，性质非常恶劣，定该电务段同等主要责任。

施工单位某工程局施工审图不认真，特别是在联锁模拟试验期间，发现了发码电路 CJ 继电器励磁电路中使用的 S1LQJ、X1LQJ 第 7 组接点组合位置标注错误、配线交叉使用问题，并进行了修改，但没有引起足够的警觉，未能提前发现第 8 组接点也存在交叉错误使用的问题，定该工程局重要责任。

（4）整改措施建议。

① 进一步强化信号联锁专业管理，健全完善信号设备联锁试验方法、流程，严格各级试验人员资质审核，强化日常联锁知识培训。

② 对于涉及电务修改联锁电路、列控数据等施工，各级专业管理人员必须按规定现场把关，盯住联锁试验等关键环节，确保试验项目齐全，程序步骤正确，守牢信号联锁安全底线。

③ 强化施工组织管理，按规定对施工方案、施工计划进行审查审批。建设、专业管理部门要组织设计、施工、设备维护等相关单位开好技术、安全交底会，畅通各单位之间沟通渠道，及时协调解决有关问题，确保施工安全。

5. 案例五

错误换装机车 LKJ 数据，列车运行数据不符停车

2019 年 5 月 23 日，某电务段错误换装机车 LKJ 数据，造成列车运行数据不符停车。

（1）事故概况。

2019 年 5 月 23 日，K353 次、T179 次旅客列车运行至某站下行线 K237+900 处，相继出现机车 LKJ 数据终止导致列车停车。

（2）原因分析。

某电务段因为管内车站站改施工引起线路基础数据变化，5 月 21 日外局某电务段委托该电务段换装 HX_D3D–146、HX_D3D–428、HX_D3D–540 号共三台机车 LKJ 数据。该电务段数据灌装时，错将一个灌有本局 BJ–SW202007301630–CZ 版数据的转存器贴上了外局 HT–SW202007301630–CZ 版数据的标签，导致换装后的 HX_D3D–146 号机车 LKJ 主机 B 机和 HX_D3D–428 号机车 LKJ 主机 A 机内的数据本应为外局数据，实际为本局数据。5 月 23 日两台机车分别担当 K353 次、T179 次牵引任务，因本局 20200730 版数据仅包含本局管内数据，当列车运行至外局集团公司管内第一个车站，越过Ⅺ出站信号机后 LKJ 数据终止。

（3）定性定责。

依据《铁路交通事故调查处理规则》第十四条规定，构成铁路交通一般 C（C25）类事故，定该电务段全部责任。

（4）整改措施建议。

① 提高对 LKJ 数据安全极端重要性的认识，对各级 LKJ 运用维护管理办法、措施、作业指导书进行一次全面梳理，及时进行补充完善，确保符合现场实际，堵住管理漏洞。

② 强化委托数据换装管理，对于委托数据换装作业要高度重视，比照施工提级管理。LKJ 数据原则上由委托局（段）负责写入，并提供足够的转存设备车递到受托局（段），特殊情况由受托局下载数据写入转存设备的，必须由电务段分管领导批准并制定专人负责校核监督，确保数据写入安全。

③ 加强 LKJ 数据版本管理，强化数据灌装、数据换装前后的复核、检验、确认等卡控措施的落实。

八、车辆系统典型安全风险管控措施及事故案例分析

（一）行车安全

1. 燃轴切轴

（1）轮轴探伤未发现或发现疑似故障后未上报、确认或复探，造成探伤缺陷未判明、未处置。

管控措施：一是检查轮轴探伤作业人员培训、准入标准落实情况。二是落实轮轴探伤过程“三检”制度，轮轴探伤作业人员对照作业指导书落实作业标准。三是严格探伤设备的性能校验，确保设备性能良好。四是加强现场抽查和盯控，发现轮轴安全隐患的典型问题，制定技术攻关措施。

（2）车轮、车轴探伤机未进行开工前、收工后日常校验、季度校验。

管控措施：一是严格探伤设备的性能校验，确保设备性能良好。二是加强岗位培训，严格执行探伤机性能校验和探头、磁粉、照度确认，提升职工的安全意识和作业质量。三是探伤机开工前、收工后性能校验的规章制度健全，探伤机季度性能校验及保养维护规定落实到位。四是加强现场检查抽查和盯控，确保探伤工艺落实到位。

（3）未按要求选配组装轮对、轴承，轮轴尺寸未测量，测量不准确，尺寸不达标。

管控措施：一是落实轴承选配工艺，规范计量器具使用。二是检查轴承、轴颈测量与选配岗位是否分开，严格落实轮轴尺寸测量标准。三是落实转向架、轮对等部件检修内容及检修标准。四是加强对重点岗位作业过程检查和盯控，抽查、核对相关检修记录。

2. 配件脱落

（1）轴承检修作业轴承前盖未安装到位，安装螺栓漏打扭力或扭力值不符合规定。

管控措施：一是作业人员须经培训合格，持有上岗证和设备操作证方可进行上岗作业。二是按型号选配、安装相关配件，核查扭紧力矩值是否合格。三是经质检员、验收员检查确认轴承前盖不正位、轴端螺栓松动时，及时开盖进

行检查分析，重新进行安装作业。四是每月对轴端螺栓智能扭力扳机进行标定，核对扭矩是否符合要求。

（2）基础制动装置杠杆、拉杆、制动梁、缓解簧、安全吊变形、卡滞，组装螺栓缺损、松动。

管控措施：一是按照检修作业指导书要求及标准，对制动装置各部配件及附属件进行现车检修作业。二是提高基础制动装置各配件检修（组装）质量，消除行车安全隐患。三是对基础制动装置检修工艺落实情况、检修质量进行检查。四是作业人员收到质量反馈信息后，按作业指导书规定的标准、程序对问题进行整改。

3. 部件裂损

（1）车辆构架、摇枕、侧架、制动梁、弹簧托梁、钩缓、安装座、枕吊、拉杆、杠杆、圆销、牵引销、上下心盘、轴箱导柱、定位转臂、安全吊等未按要求检修，外观有裂纹，发现后未及时进行检修或更换。

管控措施：一是严格按照检修质量范围对上述部位进行重点检查。二是发现部件裂纹、折损、松动缺陷后立即上报，按照规定程序进行处置。三是抽查转向架配件检修作业指导书标准落实情况。四是现场检查转向架配件异地检测、样板使用、检测标识、组装质量、落成车交检。

（2）发现车辆构架、摇枕、侧架、制动梁、弹簧托梁、钩缓、上下心盘等部件外观有裂纹，未及时进行修理或更换。

管控措施：一是落实转向架配件检修作业指导书作业标准。二是检查转向架配件异地检测、样板使用、检测标识、组装质量、落成车交检。三是落实配件探伤工作标准，确保各探伤配件表面符合探伤条件、不漏探。

4. 车辆脱轨

（1）镟轮作业前未检查确认参数设置，镟轮后未检查轮对直径、轮缘厚度、高度、轴向等数值，造成参数不达标。

管控措施：一是测量工具精度符合规定，检定不过期。二是严格按照《轮规》工艺要求，认真测量轮对各部尺寸，抽查相关检修记录。三是作业过程必须符合《数控车轮车床安全技术操作规程》各项规定。四是发现轮对数据超限后，严格按照规定程序上报、处置，严禁简化流程、私自处理。

（2）交叉支撑装置未按工艺进行检修，有横裂纹时未报废，交叉杆变形、磨耗深度超限、裂纹、开裂，车辆颠覆、脱轨转向架交叉杆未更换。

管控措施：一是严格落实转向架正位检查、翻转检查作业流程。二是抽查交叉杆轴向橡胶垫、弹性垫质量状态。三是交叉杆检查标识和检修标记齐全。四是现场作业发现交叉杆变形、深度超限、裂纹、开裂，支撑座裂纹、破损时，按规定进行修理或更换。

（3）插撤脱轨器未执行确认制度，未正确操作防误上装置，造成脱轨器错插、漏插、误撤。

管控措施：一是脱轨器插撤联系确认制度健全，双人插撤并做好记录。二是加强货车调车作业过程盯控，重点对段管线货车调车推进作业前方领车人员防护情况进行检查。三是段管线货车调车作业人员严格落实作业标准，对脱轨器管理、脱轨器插撤记录、脱轨器加锁等情况进行重点检查。四是定期对脱轨器设备状态进行检查，消除设备安全隐患。

5. 列车分离

管控措施：一是现场检查车钩缓冲装置配件检修工艺标准及作业指导书落实情况。二是抽查车钩缓冲装置组装、试验岗位产品质量，发现质量问题立即通报有关部门。三是抽查车钩缓冲装置各部配件检修标识和检修标记涂打质量，防止出现关键部位漏检。

（二）劳动安全

1. 机车、车辆撞轧

（1）调车作业时，司机、领车员、连接员、防护人员等现场作业人员联系不通畅，呼唤应答不到位。

管控措施：一是认真编制、审核调车作业计划，确保调车作业计划符合现场实际。二是调车作业推进车辆时，安排专人进行领车，引领人员站位、联控用语、人身安全防护措施，符合调车作业的有关规定。三是调车作业中正确使用电台，规范调车作业联控用语，定期对作业标准执行情况进行检查。四是按规定做好停留车辆防溜，进入钩挡作业严格执行“红键锁闭”制度。

（2）站场内作业，未按规定设置防护，横越线路没有执行相关规定。

管控措施：一是严格执行上线作业安全防护措施，没有设好防护不得上线作业。二是作业过程中注意邻线机车、车辆运行状态，身体及所持工具不得侵入邻线的安全限界。三是站场内作业行走固定径路，严禁单人远离作业群体。四是作业中出现通信联络不畅时，作业人员应立即下道，并做好安全防护。

2. 触电伤害

（1）使用大功率电器没有接地线或者安装漏电保护器。

管控措施：一是使用机床、起重机械等大功率电器的动力配电箱，必须有可靠的接地保护装置和漏电保护器。二是定期检查大功率电器的接地线、接零线和相线，以及开关插头插座的胶壳，确保没有破损、绝缘良好。三是当电器具出现异常情况时，应先切断电源，再做处理。四是在断电情况下修理电气设备时，按规定悬挂“禁动”标志。

（2）没有保持与接触网的安全距离，造成触电伤害。

管控措施：一是在距接触网不足 2 m 的距离内处理车辆故障时，必须按规定办理接触网停电手续，接触网采取可靠的安全防护措施后，方准进行作业。二是货车的梯子、支架处，应涂有明显的“有电危险，禁止攀登”警告标识。三是遇雨、雪等不良天气，禁止靠近接触网设备部件，接触网下禁止使用金属杆的雨伞。四是在带电接触网下进行事故应急救援、抢险处理时，由供电部门停电并采取可靠的安全防护措施后，方可进行应急处置。

3. 高处坠落伤害

管控措施：一是作业地点距坠落点高度大于 2 m 时，作业人员必须使用符合标准的安全带及其他防坠落防护用品。二是登上车辆顶部作业时，身体重心保持稳定，距离车顶边缘保持一定的安全距离，防止脚底打滑由车顶边缘坠落。三是使用梯子攀登车辆顶部时，梯子应码放牢固，支腿和倚靠车辆部位采取防滑措施，不得手持工具攀登梯子，梯子下方应有专人进行扶梯防护。四是登高作业中，要指定专人防护，防护人员不得从事与防护工作无关的事情。

4. 机械伤害

管控措施：一是作业人员须经培训合格，持有上岗证和设备操作证方可进行上岗作业。二是操作车床、铣床等设备，操作人员应佩戴防护眼镜等劳动防护用品，禁止徒手清理铁屑等杂物。操作旋转设备，严禁戴手套、穿宽松的衣服，长头发必须用帽子包好。三是机械外露转动部分需加装安全防护装置，机械动力设备应安装性能可靠的安全联锁保护装置。四是检修机械设备时，落实各项安全措施，被检修的机械必须切断电源，落实电源控制安全措施，防止因定时电源开关作用或临时停电等因素而误判造成事故。

（三）特种设备安全

1. 起重伤害

（1）吊钩、吊具、销轴、天车卷筒轴未定期进行检查探伤、超期使用，吊挂不牢造成物件脱钩。

管控措施：一是吊具探伤人员须熟悉吊具探伤部位和探伤相关标准要求，严格执行探伤工艺，认真做好探伤记录。二是起重作业吊钩状态良好，安装防脱钩装置。三是起吊重物应绑扎牢固、保证平稳，对可能晃动的重物应栓拉牵引绳，不得在起吊重物上堆放或悬挂零星物件。四是作业前对制动器、吊钩、钢丝绳和安全装置等部件的安全状态进行检查，确认状态良好后才可以闭合主电源。

（2）起重吊运作业没有采取试吊措施，超过额定载荷作业，遇六级以上强风或暴雨没有停止起重作业。

管控措施：一是起重吊运作业人员经过专门培训，取得资质后持证上岗。二是操作人员进行起重机吊钩升降、回转、变幅、行走等动作前，应鸣笛示意。三是第一次起吊重物时，应在吊离地面高度 0.5 m 后将重物放下，检查制动器性能可靠后，再进行正常作业。四是严格落实起重设备“十不吊”要求。

（3）起落车伤害。

管控措施：一是起落车作业前，必须对架车机具进行安全技术检查，作业人员对车辆按规定设置防溜，操作前须确认黄线区域内没有人，起落范围没有障碍物。二是起落车过程中禁止作业人员上下车辆、进入车辆内部或下部作业。三是起落车作业中，作业人员不少于三人，并做好呼唤应答。四是起落过程到位停止，并采取可靠防护措施后方可作业。

2. 压力容器、压力管道爆炸

（1）压力容器爆炸。

管控措施：一是压力容器操作人员经过专门培训，考试合格后持证上岗，定期进行安全教育与专业培训。二是空压机、储气罐、安全阀、压力表等安全附件定期进行检验，确保设备状态良好。三是压力容器各部无裂纹变形，各紧固螺栓无松动丢失现象，阀门、管路畅通无漏泄。四是冬季应检查排污管的防寒措施，并增加排污次数，以防冻结。安全阀每周手动试验一次，安全阀每年至少校验一次，压力表每半年至少校验一次。

（2）压力管道爆炸。

管控措施：一是压力管道管理及操作人员经过专门培训，考试合格后持证上岗。二是压力管道安全保护装置、测量调控装置以及相关附属仪器、仪表定期检查检定。三是做好压力管道的日常维护保养工作，定期检查紧固螺栓的安全状态，发现管道异常振动时，应查明振动源消除振动。四是定期对压力管道进行在线检验和全面检验，发现压力管道存在异常情况时，立即消除隐患或采取停用措施。

（四）事故案例分析

1. 案例一

扫码观看案例视频

关闭折角塞门处理故障，忘记开启塞门车辆抱闸

2019 年 3 月 9 日，20336 次货物列车运行至某站，机后 56 位车辆走行部冒火星停车。

（1）事故概况。

2019 年 3 月 9 日 3 时 41 分，20336 次货物列车（编组 57 辆）运行至某站 K340+982 处，因机后 56 位 P_{64} 3424138 运行方向前端折角塞门关闭，造成车辆制动缸活塞未全部缓解，导致车辆走行部冒火星停车。

（2）原因分析。

某车辆段列检始发作业处理机后 55 位与 56 位车辆间制动软管连接处漏风故障，关闭折角塞门处理故障结束后，只将机后 55 位后端折角塞门开启，忘记开启机后 56 位前端折角塞门是造成这起事故的直接原因。

（3）定性定责。

依据《铁路交通事故调查处理规则》第十四条规定，构成铁路交通一般 C

（C15）类事故，定该车辆段全部责任。

（4）整改措施建议。

① 认真执行列检接、送车作业标准，重点加强走行部、人力制动机及折角塞门状态的确认，杜绝单侧接、送车现象。

② 列检作业需关闭折角塞门处理车辆故障时，故障修复后需确认前后车辆折角塞门状态，恢复开通位置，保证列车制动管贯通。

③ 列车制动机试验时，确认制动缸制动缓解状态、折角塞门开启状态，确保折角塞门手把位置正确。

2. 案例二

扫码观看案例视频

敞车中门锁闭杆变形失效，车门开放刮坏站场信号机

2017 年 4 月 25 日，20526 次货物列车第 25 位敞车中门开放，刮坏某站Ⅲ场 2 道信号机。

（1）事故概况。

2017 年 4 月 25 日 5 时 31 分，20526 次货物列车运行至某站Ⅲ场 3 道处，因机后 25 位 C_{62} 4658342（临修 17.02.25 某车辆段）现车 1 位中门开放，刮坏某站Ⅲ场 2 道反方向出发信号机。

（2）原因分析。

该车 1 位中门锁闭杆中部变形，锁闭功能失效，造成列车运行中锁杆手把脱出，锁杆手把脱出后失去对中门锁铁向上窜动的制约作用，由于列车运行中的振动，导致中门锁铁向上窜动，当锁铁向上窜动至一定位置后，由于锁铁的偏心设计且下部为圆弧形，锁铁上部会向外翻转离开门板，此时锁铁因为振动导致锁铁完全翻下造成开锁是车辆中门开放的直接原因。

（3）定性定责。

依据《铁路交通事故调查处理规则》第十四条规定，构成铁路交通一般 C

（C16）类事故，定临修车辆段全部责任。

（4）整改措施建议。

① 列检运用部门要加强对车门及附件破损状态的检查，发现车门及附属配件破损、变形严重、影响装车使用的及时进行处置。

② 无列检作业的车站，由货运部门负责对货车及车门包括附件破损状态进行检查和确认，发现破损、变形严重影响装车使用的及时通知车辆部门，由车辆部门负责进行确认和扣修。

③ 加强对车辆设备质量的统计分析，对车辆设备在维修、运用中发现的各类问题建立信息收集和反馈制度，分析问题发生的原因，研究制定整改方案。

3. 案例三

横越线路侵入限界，列车刮碰身体重伤

2019年8月17日，某车辆段检车乘务长在车站横越线路时，被通过的D5015次刮碰致伤。

（1）事故概况。

2019年8月17日21时36分，某车辆段担当的X227次到达某站13道停车（检车乘务员3人，当时该地区为降小雨天气）。22时左右检车乘务长去站外买东西，打雨伞横越线路由13道本线向西跨越5股线路行至Ⅰ、Ⅱ道间（K143+795）下行正线处侵入限界，被通过的D5015次刮碰。经医院诊断“左腿左胫腓骨开放性骨折、左股骨下段骨折、髌骨游离错位，左胫前软组织擦伤”，构成重伤。

（2）原因分析。

该车辆段检车乘务长在车站横越线路时，没有执行“一站、二看、三通过，注意左右机车、车辆的动态及脚下有无障碍物”的规定，侵入下行正线限界是被列车刮碰致伤的直接原因。

（3）定性定责。

依据《铁路交通事故调查处理规则》第十三条规定，构成铁路交通一般B（B2）类事故，定该车辆段全部责任。

（4）整改措施建议。

① 进一步细化上线作业人身安全卡控措施，重点对横（穿）越线路、上线作业固定走行径路、上线作业防护措施等人身安全关键项点进行重新梳理，夯实安全管理基础。

② 检车乘务员在途中或大站作业时，应熟悉掌握列车站停时间和上下车地点，遇邻线有列车通过时，应停止作业，站在安全地点避车。

③ 作业场检车人员接车时要提前到达接车地点，列车接近时蹲在两线中间安全地点接车，严禁侵入邻线限界。邻线有列车、调车列通过时，应注意观察车辆运行状态，站立在安全位置接发列车。

4. 案例四

冲突车辆没有检查鉴定，编入列车造成设备故障

2019 年 3 月 15 日，某运输有限公司专用铁路发生调车冲突车辆被编入列车，后续运行中车钩前从板部分断裂缺失，危及行车安全。

（1）事故概况。

2019 年 3 月 21 日，20330 次货物列车通过 TFDS 探测站，动态检车员发现机后第 43 位车辆 P_{64K} 3411401 第 1 位车钩前从板部分折断缺失（全新痕）。

（2）原因分析。

经调查，3 月 15 日与国铁接轨的某运输有限公司专用铁路内因作业人员对调车计划变更交接不清，调车作业时瞭望不彻底，调车列与停留在油专线走行线上的 6 辆（P_{64K} 3411401 位于第 2 位）棚车发生冲突，造成 P_{64K} 3411401 第 1 位车钩前从板伤损（未完全断开），调车作业人员未对车辆进行检查也未向相关部门报告。3 月 21 日，该车辆被编入列车，经过 TFDS 动态探测站时，图片显示 1 位车钩前从板部分断裂缺失，分析是由于运行途中受到牵引力和冲击力的反复作用，从板损伤不断扩展并最终导致折断脱落。

某运输有限公司专用铁路作业人员在进行调车作业过程中违章作业，发生调车冲突后造成 P_{64K} 3411401 车 1 位车钩前从板裂损，后续编入列车后，运行途中故障从板受到牵引力和冲击力的反复作用，损伤扩展并最终导致断裂脱落。某运输有限公司对发生冲突的车辆未按规定检查鉴定就编入列车是造成事故的直接原因。

（3）定性定责。

依据《铁路交通事故调查处理规则》第十四条规定，构成铁路交通一般 C（C23）类事故，定该运输有限公司全部责任。

（4）整改措施建议。

① 加强专用铁路调车作业管理，完善调车作业制度，规范调车作业计划变更流程，对专用铁路调车作业情况开展监督检查，确保专用铁路调车作业安全。

② 强化货车列检现场作业标准落实，提高现场作业人员的安全意识，加强日常作业监督检查力度，提升检修作业质量，杜绝作业漏检问题发生。

③ 加强 TFDS 动态作业人员的技能培训，强化对车辆制动、钩缓装置部位的技术作业及 TFDS 动态作业标准落实情况的检查，提高 TFDS 动态作业人员发现故障的能力。

5. 案例五

车钩防跳装置作用不良，车钩开放造成列车分离

2017 年 12 月 3 日，31260 次货物列车机后 19 位运行方向前端车钩开放，造成机后 18 位与 19 位车辆车钩分离停车。

（1）事故概况。

2017 年 12 月 3 日 16 时 33 分，31260 次货物列车运行过程中，因机后 19 位 C_{70} 1664736（定检：11.01 重厂、17.01 某车辆段）运行方向前端（现车 2 位）车钩处于开放状态，造成机后 18 位与 19 位车辆车钩分离停车。

（2）原因分析。

该车 2 位 17 型下作用车钩下锁销顶面与钩舌座锁台下面的搭接量超限，造成车钩防跳作用不良，列车运行中在振动冲击等工况下，车钩防跳失效是造成列车分离的直接原因。

（3）定性定责。

依据《铁路交通事故调查处理规则》第十五条规定，构成铁路交通一般 D（D8）类事故，定车辆定检单位某车辆段全部责任。

（4）整改措施建议。

① 列检在始发及中转作业中将防跳插销未插设或防跳失效作为检查处理

重点，按照货车运用维修规程进行故障提交及处置。

② 各车钩配件制造单位要进一步强化钩舌、钩尾框等配件的制造质量，严格执行相关工艺标准，尤其对存在应力集中及易磨损的部位要制定更加严格的检查及卡控措施。

③ 加强车钩互钩差、钩提链松余量、防跳插销、上作用车钩钩锁铁锁脚等部位的检查，确保车辆运行安全。

九、建设系统典型安全风险管控措施及事故案例分析

（一）行车安全

1. 无计划、违章施工

管控措施：一是加强施工组织领导成立施工协调小组，负责施工现场的组织协调工作。检查施工前的准备及各项安全措施的落实，掌握施工进度，维护施工期间的运输秩序，协调解决施工各部门临时发生的问题。二是在施工方案审核通过后，施工单位与行车组织单位按施工项目签订施工安全协议。三是施工单位至少在正式施工 72 小时前向设备管理单位提出施工计划、施工地点及影响范围。设备管理单位接到施工单位的施工请求后，应对施工方案和计划及影响范围进行认真核对，并在施工开始前派员进行施工安全监督。四是所有参加施工的人员必须经过培训，清楚施工作业内容、行车办法、作业程序及重点注意事项。五是监理单位对施工全过程进行巡视检查，对隐蔽工程、重点工序进行现场监理，切实履行监督管理职责。发现安全隐患要立即指出，并通知有关单位及时整改。

2. 违规临时拆卸护网、设置道口

管控措施：一是设置施工临时道口，必须经主管部门批准，并与管理单位签订安全协议。临时道口按规定配备安全防护备品，派专人看守。二是施工单位加强检查巡视，发现护网破损及时修复，严禁私自进入和拆开护网。三是施工监护员盯控施工作业期间护网（护栏）的安全，检查施工单位是否按批准方案改移护网，开口地段是否安排专人 24 小时看守，并悬挂明显标志，施工完毕是否原状恢复护网。未经监护员同意严禁任何人进入护网。四是监护员对施工

过程进行监管，重点检查施工方案落实情况，发现施工单位违规临时拆卸护网、设置道口，任意扩大施工范围、改变施工方案、安全措施不落实、施工中违章蛮干等问题，及时制止并督促施工单位进行整改。

3. 重大危险源管理不规范

管控措施：一是明确重大危险源范围，根据事故发生的概率和造成后果的影响程度，将重大危险源进行分级管理。二是明确重大危险源的主管、相关部门，制定安全管理职责。三是凡纳入重大危险源的分部、分项施工，施工前施工单位必须编制专项施工方案，按照规定程序审批。四是督促施工、建设、监理单位建立重大危险源公示制度、安全检查制度、应急演练制度，定期开展专项检查和应急演练。

（二）劳动安全

1. 大型机械违章作业

管控措施：一是施工单位是大型机械设备的管理主体，对施工范围内使用的大型施工机械设备全面负责。二是施工、建设、监理单位应安排专人负责大型机械设备的管理工作，建立健全大型施工机械设备各项管理制度、办法，确保大型施工机械设备始终处于正常使用状态。三是需安装及拆卸的大型机械设备，施工单位必须制定专项施工方案并委托有资质的单位进行安装及拆卸，专项方案经监理单位审批合格后方可实施。四是特种机械设备按国家有关规定，必须经当地技术监督部门验收合格取得使用证后方可使用。

2. 施工人员人身伤害

管控措施：一是各施工、建设、监理单位对营业线施工及管理人员安全培训工作负责，建立健全营业线施工人员安全培训保障体系，制定营业线施工安全培训及岗位培训制度，所有上线人员必须经过营业线安全培训，考试合格方可上岗。二是施工作业前进行安全技术交底或安全预想，所有参加施工人员必须清楚施工内容、行车组织、作业程序等重点事项。三是完善各种危险作业人身安全防范措施，加强施工作业安全的监督检查，定期组织开展人身安全专项检查，制定安全风险管控措施，消除安全隐患。四是根据作业性质和作业内容配发劳动防护用品，对接触粉尘、噪声、有毒、易燃、易爆物品的作业人员，必须按规定配备相应的劳动防护用品。

（三）事故案例分析

1. 案例一

扫码观看案例视频

违规设计擅自施工，安全监管不到位
施工关键卡控不力，主体责任不落实

2016年5月19日，某施工单位在建的上跨铁路桥防护棚架钢架部分垮塌，造成接触网塌网。

（1）事故概况。

2016年5月19日10时01分，某铁路局两车站间接触网跳闸重合不成功，供电部门检查发现K142+400～K142+850处，某施工单位在建的上跨铁路桥防护棚架钢架部分垮塌压在接触网上，造成接触网倒杆、塌网。

（2）原因分析。

某设计研究院有限公司上跨铁路桥防护棚架现场勘察错误，上跨连续梁防护棚架设计跨度不能满足铁路限界要求。某施工单位明知设计方案不能实施，没有履行变更程序，擅自增大防护棚架跨度，并将钢架连接由焊接加栓接改为栓接，且未按设计在防护棚架顶部设置排水坡，当日强降雨在防护棚架防水布上形成大面积积水，在自身重力和积水作用下，钢桁梁中部发生垮塌。

以上问题是造成接触网塌网、倒杆的直接原因。

（3）定性定责。

依据《铁路交通事故调查处理规则》第十四条规定，构成铁路交通一般C（C14）类事故，定该设计研究院有限公司主要责任，施工单位、监理单位及设备管理单位同等主要责任。

（4）整改措施建议。

①认真排查营业线施工安全方面存在的问题，制定有针对性的措施并严格督促落实，及时消除隐患、堵塞漏洞、强化管理，严防类似事故再次发生。

② 切实加强营业线施工安全监管，杜绝擅自更改设计施工方案行为，严把施工方案审核关口。

③ 制定完善地方涉铁工程项目营业线施工安全管理制度，明确管理流程和职责，加强施工全过程的安全监管，全面落实铁路营业线施工安全管理主体责任。

2. 案例二

扫码观看案例视频

联络工程线施工管理混乱，违章使用无防溜措施小车
小车溜入既有线影响信号，险些造成动车组与之相撞

2019 年 10 月 17 日，某施工单位在建工程线内施工小车溜逸破坏国铁运营线列车进路，耽误列车正常运行。

（1）事故概况。

2019 年 10 月 17 日，某施工单位在建工程线内运送石砟的四轮小车溜入与之衔接的国铁运营线车站，造成车站通过信号机关闭，G8015 次因机车信号突变停车，险些造成动车组碰撞。

（2）原因分析。

施工单位作业人员擅自在工程线内大下坡道（坡度 11‰）线路上，违章使用没有采取防溜措施的四轮小车推运石砟导致溜逸是造成事故的直接原因。

（3）定性定责。

依据《铁路交通事故调查处理规则》第十四条规定，构成铁路交通一般 C（C8）类事故。

① 该施工单位违章使用四轮小车，小车溜入与之衔接的国铁运营线车站，造成车站通过信号机关闭，负事故主要责任。

② 建设单位违反相关规定，没有组织制定、报批工程线与既有线接轨方案，也没有组织相关单位与设备管理单位签订工程线与高铁设备划分协议，未落实施工安全管理主体责任，造成施工现场失管失控，负同等主要责任。

③ 监理单位没有发现作业人员擅自拆除临时车挡后长期不恢复等安全隐患；国铁设备管理单位某工务段未与建设单位签订设备管界划分协议就盲目同意施工，且对现场施工监控不力；事故发生车站对施工单位在工程线与既有线接轨处设置的栅栏门、临时车挡的运用状态失管失查，以上单位均负事故同等重要责任。

（4）整改措施建议。

① 加强对与运营线接轨的工程线隔开设备设置情况的全面排查，查找隐患、研判风险，无隔开设备的必须立即采取断开连接等硬隔离措施。

② 强化建设工程安全管理工作，工程建设、专业管理等部门和行车组织、设备管理、工程监理等单位要增强大局意识，深刻查找在履行安全管理责任和安全监管职责上的差距，全面堵塞施工安全管理漏洞，严肃施工方案和施工计划的编制审批，严格对施工作业关键环节监管控制，严禁发生擅自更改施工方案、无计划或降低等级等违章施工问题。

③ 不断完善工程线与运营线接轨隔开设备技术标准，施工单位要认真制定并严格落实工程线隔开设备设置、管理和防溜等安全措施，彻底消除安全隐患，确保既有线运营安全。

3. 案例三

施工单位降低质量标准，封堵挡墙倒塌侵入限界
列车碰撞挡墙造成脱轨，相关单位全部追究责任

2019 年 6 月 19 日，20134 次货物列车运行至某铁路线隧道内，与侵入线路的卵石土相撞，造成货物列车脱轨铁路交通较大事故。

（1）事故概况。

2019 年 6 月 19 日 23 时 14 分，20134 次货物列车运行至某铁路线隧道内，与从 1 号竖井横通道涌出并侵入线路的卵石土相撞，造成机车及机后 1 至 18、40 至 45 位车辆脱轨，列车停于隧道内 K474+075 处，中断铁路行车 47 小时 16 分钟。

（2）原因分析。

① 该隧道 1 号竖井横通道封堵挡墙未按设计要求封堵，厚度及强度严重不足，排水管未按设计安装设置，地下水排放不及时，在地下水作用下，竖井回填的卵石土涌入横通道，容重不断增大、流动性增强，卵石土不断加大对横通

道内封堵挡墙的压力，最终将封堵挡墙从薄弱处剪断破坏，上半截挡墙倒塌破碎，卵石土从挡墙缺口处涌入正线导致列车碰撞脱轨是造成本次事故的直接原因。

② 施工单位未按设计要求和施工技术标准施工，横通道没有全部封堵，封堵挡墙厚度和强度严重不足，竖井回填材质、排水管安装设置不符合设计要求，现场施工质量安全管理体系不健全，工程质量安全管理不到位是本次事故发生的主要原因。

③ 监理单位对施工单位未按设计进行横通道封堵、竖井回填和排水管安装设置的问题没有发现和指出，未依照工程建设强制性标准实施监理，监理履职不到位是本次事故发生的重要原因。

④ 设计单位未执行工程建设强制性标准，设计中未对用于施工通风的竖井口进行封闭。设计文件内部审核管理不到位，设计文件深度不足，未注明竖井封堵回填的施工质量安全要求是本次事故发生的次要原因。

⑤ 建设单位未及时督促设计单位完善补充该隧道竖井设计，未发现并制止施工单位不按设计要求和施工技术标准施工的行为是本次事故发生的又一次要原因。

（3）定性定责。

依据《铁路交通事故应急救援和调查处理条例》第十一条和《铁路交通事故调查处理规则》第十条规定，构成铁路交通较大事故，定施工单位主要责任，监理单位重要责任，设计单位、建设单位次要责任。

（4）整改措施建议。

① 施工单位严格落实工程质量主体责任，按照建设工程设计要求、技术标准和合同约定组织施工，切实履行施工质量安全主体责任。

② 建设单位加强铁路建设工程质量管理，督促参建单位按照法律法规、合同约定认真履职。监理单位按照国家法律法规、验收标准和施工方案要求，认真履行监理职责，对建设工程施工质量和安全生产承担监理责任。

③ 全面排查整治安全隐患，对委托协议落实情况加强日常检查，确保安全生产资金投入，督促运营等相关单位全面排查影响铁路运输安全的各类隐患，制定整改措施，明确责任部门和整改期限，实施闭环管理，全力维护铁路运输安全。

4. 案例四

未经审查同意擅自变更施工方案
安全系数降低路肩下沉立柱倾倒

2020 年 7 月 9 日，某施工单位开挖路基边坡导致接触网立柱断裂倾倒，刮坏旅客列车机车受电弓。

（1）事故概况。

2020 年 7 月 9 日，某施工单位在铁路线 K126+050 处桩板墙施工开挖路基边坡，施工导致 008 号接触网支柱底部断裂向线路外侧倾斜，15 时 12 分 K382 次客车运行至施工地点时，机车受电弓被倾斜的接触网支柱刮坏。

（2）原因分析。

该施工单位不按设计图纸和方案施工，将孔桩开挖方式由设计的隔桩开挖，擅自改变为拉槽开挖，导致路堤边坡形成了竖直贯通临空面，造成路堤边坡失稳、路肩下沉，致使 008 号接触网支柱向线路外侧倾斜，支柱倾斜后底部发生断裂是造成接触网支柱刮坏机车受电弓的直接原因。

（3）定性定责。

依据《铁路交通事故调查处理规则》第十四条规定，构成铁路交通一般 C（C14）类事故，定该施工单位主要责任，监理单位、建设单位、设备监护单位同等主要责任。

（4）整改措施建议。

① 加强工程建设施工安全管理，工程建设管理部门要切实担负起营业线工程建设项目施工安全管理责任，督促建设、设计、施工、监理等参建单位全面履行施工安全职责。

② 严格执行施工安全技术交底制度，加强施工现场监督检查，杜绝不按设计图纸施工和擅自改变施工方案行为。

③ 切实加强施工安全监督管理，专业部门和设备管理单位要针对具体施工项目，认真研究关键环节监管控制措施，加强现场监管人员培训，使每名监管人员都熟悉施工方案和监管重点，严格按照批准的施工方案进行监督管理。

5. 案例五

地方单位铁路保护区非法施工
挖断电缆影响动车组正常运行

2017 年 3 月 22 日，某地方绿化施工单位在高铁沿线绿化施工，使用大型机械挖断铁路电缆，影响高铁列车正常运行。

（1）事故概况。

2017 年 3 月 22 日 9 时 34 分，某地方绿化施工单位在高速铁路 K106+010 处进行绿化施工过程中，施工挖掘机将护栏外侧的铁路异物侵限报警系统电缆挖断，经铁路电务段临时抢修，于当日 10 时 23 分恢复，影响动车组 12 列。

（2）原因分析。

某地方绿化施工单位在没有通知铁路相关单位专业人员现场监护的情况下，违章使用挖掘机进行施工作业，挖断高铁沿线异物侵限报警系统电缆是造成此次事故的直接原因。

（3）定性定责。

依据《铁路交通事故调查处理规则》第十五条规定，构成铁路交通一般 D（D9）类事故，定该地方绿化施工单位全部责任。

（4）整改措施建议。

① 施工单位严格遵守《铁路安全管理条例》和营业线施工安全管理有关规定，与铁路相关设备管理单位及时签订施工安全、监护配合等协议，施工作业时采取有效措施，确保铁路运输安全。

② 对铁路沿线保护区内可能发生危及铁路设备安全的路内外施工进行专项检查，重点检查电缆径路周围动土施工情况、电缆标识及警示牌设置情况、电缆过桥涵处所防护情况，消除光、电缆安全隐患。

③ 加大对周边环境的检查和巡视力度，发现保护区内非法施工或保护区外可能影响设备稳定的施工行为立即制止，待施工单位按要求签订安全配合协议及设备管理单位安排好监护人员后再允许开工。

十、后勤系统典型安全风险管控措施及事故案例分析

（一）劳动安全

1. 触电伤害

管控措施：一是电工必须持特种作业人员操作证上岗，非专职操作人员，不得擅自检修、安装、拆除电气设备。二是用电设备检修时，必须先切断电源，在开关处悬挂“禁止合闸、有人工作”警示牌，并安排专人监护；严禁随便乱动或私自修理电气设备；严禁不断电移动电焊机、照明灯、电风扇等电气设备。三是对建筑施工场所、临时线路的用电设备、手持电动工具（除Ⅲ类外）、移动式日用电器（除Ⅲ类外）、电焊机等其他移动式机电设备以及高温和食品加工场所，锅炉房、食堂、浴室等场所必须安装漏电保护器。四是对漏电保护器，每年进行一次安全性能检测，对安全技术性能不良的漏电保护器进行维修或更换。

2. 高处坠落伤害

管控措施：一是高处作业前，由施工现场负责人事先勘察现场，针对现场实际情况制定具体的人身安全防控措施，逐级上报审批。未办理高处作业安全审批手续，不得进行高处作业。二是高处作业人员必须佩戴符合安全标准的安全帽、安全带，衣着灵便，禁止穿硬底或带钉易滑的鞋。三是高处危险作业现场必须设置安全防护、警示标志，安排防护人员现场监护。四是高处作业特种防护用品应有“三证一标识”，采购时对产品质量进行检查验收，特种防护用品上粘贴的有关标志、标识和检测合格标记完整清晰。

3. 机械伤害

管控措施：一是作业前穿戴好个人防护用品，着装要“三紧”：领口紧，袖口紧，下摆紧。二是 2 m 以下的齿轮、三角带、联轴器均需设置安全防护罩。三是操作车床、铣床等设备，操作人员应佩戴防护眼镜，禁止徒手清理铁屑等杂物。四是操作旋转设备，严禁戴手套、穿宽松的衣服，长头发必须用帽子包好。

4. 物体打击伤害

管控措施：一是进入作业场所戴好安全帽，扣紧下帽带。常用工具放在工

具袋内，物料传递不准向下或向上抛掷。二是高处安装起重设备或垂直运输机具，注意零部件落下伤人。拆除或拆卸作业要设置警戒区域，在有人监护的条件下进行作业。三是高处作业的下方不得有人作业，必须同时作业时，应做好防止落物伤人的措施，并设专人看护。四是机器启动前应保证安全可靠，防止零部件飞出伤人。机器转动部位加装防护罩，作业人员不得触及转动部位。

5. 起重伤害

管控措施：一是起重机司机必须持特种作业人员操作证上岗，非专职操作人员，不得擅自操作起重机械。二是起重机作业应有足够的工作场地，起重臂杆起落及回转半径内无障碍物，起重机不得靠近架空输电线路作业，必须在线路旁作业时，起重机与架空输电线路的安全距离不得小于 2 m。三是第一次起吊重物时，应在吊离地面高度 0.5 m 后将重物放下，检查制动器性能可靠后，再进行正常作业。四是严禁用起重机斜拉、斜吊和起吊地下埋设或凝结在地面上的重物。

6. 锅炉、压力容器伤害

（1）锅炉爆炸。

管控措施：一是使用符合安全技术规范要求，取得生产许可并经检验合格的锅炉。二是司炉工必须经过培训和考试合格后方能独立操作，无操作证严禁操作锅炉。三是锅炉点火前必须检查压力表、安全阀、水位计等安全附件是否完好，燃烧系统及其控制阀门是否漏气，安全附件不合格时严禁开炉操作。四是锅炉运行中，司炉工应经常监视压力表和水位计，确保规定的水位和操作压力。司炉工离开锅炉房时，必须关闭电气开关，水、燃料油（气）阀门和门窗。

（2）压力容器爆炸。

管控措施：一是压力容器有特种设备使用登记证，操作人员持特种设备作业人员证上岗。二是日常加强对安全阀、压力表巡视检查，保证齐全、灵敏、可靠，发现有异常现象及时处理。压力容器安全阀的整定压力一般不大于该压力容器的设计压力。三是冬季检查排污管的防寒措施，增加排污次数，以防冻结。四是安全阀每周手动试验一次，安全阀每年至少校验一次，压力表每半年至少校验一次。

（3）气瓶爆炸。

管控措施：一是采购和使用有制造许可证的企业的合格产品，不使用超期未检的气瓶。使用单位必须到已办理充装注册的单位或经销注册的单位购气，气瓶使用前应进行安全状况检查，对盛装气体进行确认。二是气瓶的放置地点应保证瓶体干燥，不得靠近热源和明火。盛装易起聚合反应或分解反应气体的气瓶，应避开放射线源。三是气瓶立放时，应采取防止倾倒的措施。严禁敲击、碰撞瓶体，严禁在瓶体上引弧，严禁将乙炔瓶放置在电绝缘体上使用。四是乙炔瓶使用时必须直立，并采取防止倾倒措施，严禁卧放使用。乙炔瓶放置地点，与明火的距离不得小于 10 m（高空作业时，此距离为在地面的垂直投影距离）。

7. 电梯伤害

管控措施：一是电梯安全管理人员应参加安全技术培训，经考试合格，取得特种设备安全管理和作业人员证后，方可上岗。电梯安全管理人员应负责管辖范围内电梯日常管理，掌握电梯故障应急处理办法，定期对电梯运行情况和维保情况进行检查。二是电梯出现故障，应设法通知电梯使用管理部门和维修人员救援，不要乱动有关按钮或强行扒门，等待专业人员救援。三是乘坐电梯时要查看电梯内有没有特种设备检验单位核发的特种设备使用标志，标志是否在有效期内。四是电梯所在大楼发生地震、火灾时，禁止搭乘电梯逃生，应使用消防通道疏散。

8. 中毒窒息伤害

管控措施：一是实行作业审批制度，严禁未经批准擅自进入有限空间作业。二是在有限空间作业前，必须执行“先通风、再检测、后作业”制度，严禁通风、检测不合格作业。作业现场设置安全警示标识，严禁无防护、监护措施作业。三是对有限空间作业人员进行安全培训，教育培训不合格严禁上岗作业。从事有限空间作业人员，应配备个人劳动防护用品和防中毒窒息防护装备，熟练掌握防护备品正确使用方法。四是制定有限空间作业应急处置预案，发生有限空间作业人身伤害事故后，严禁盲目施救。

9. 职业病伤害

管控措施：一是接触职业病危害因素作业人员，进行上岗前的职业卫生培训和在岗期间的定期职业卫生培训。二是接触职业病危害因素作业人员，进行上岗前、在岗期间、离岗时的职业健康检查，检查结果书面告知劳动者。三是产生职业病危害的用人单位，应当在醒目位置设置公告栏，公布有关职业病防治的规章制度、操作规程、职业病危害事故应急救援措施和工作场所职业病危害因素检测结果。四是日常的职业病危害监测或者定期检测、现状评价过程中，发现工作场所职业病危害因素不符合国家职业卫生标准和卫生要求时，应当立即采取治理措施，确保符合职业卫生环境和条件的要求。

（二）消防安全

1. 行车重点场所及其他场所防火

管控措施：一是通信、信号、信息、牵引供电、电力、调度等重点行车场所及其他重点场所的建筑耐火等级、室内装修必须符合有关消防技术标准，消防设施和灭火器材必须符合国家及行业有关消防技术标准。二是机房、主控室及其他电气设备用房内严禁吸烟和堆放杂物，严禁违章使用电热器具。三是油浸变压器和含油电气设备应根据相关要求设置储油或挡油设施。四是机动车停车场严禁超量停放，机动车应车头朝疏散方向，不得堵塞疏散通道，严禁在库内吸烟和明火作业，严禁在车库内为汽车加油和存放易燃易爆危险物品。

2. 建设工程和施工工地防火

管控措施：一是建设工程的消防设计、施工必须符合国家工程建设消防技术标准，建设单位应按照国家消防安全法律、法规要求，办理消防设计、施工、验收、备案和安全检查等消防手续。二是建设单位与施工单位签订施工合同时，应签订消防安全责任书，明确各自消防安全责任。建设管理单位负责督促施工单位建立防火组织，配备消防管理人员，加强施工现场防火巡查和用火、用电、用油、用气管理。三是施工现场出入口的设置应满足消防车通行要求。施工现场临时办公、生活、生产、物料存储等功能区应当相对独立布置。易燃、易爆危险品库房应远离明火作业区、人员密集区和建筑相对集中区，并按照规定设置相应的临时消防给水设施和灭火器材。四是氧气瓶、乙炔瓶放置距离应不小于 5 m，氧气瓶、乙炔瓶与焊割作业点的距离不小于 10 m。电、气焊作业完毕应确认周围安全无明火后方可离去。五是施工现场动火作业时应提前清理周边杂草等易燃、可燃物。施工现场进行焊割、打磨等产生火花的施工及维修作业时，须做好安全防护。

3. 电气、燃气防火

管控措施：一是配电线路不得穿越通风管道内腔或直接敷设在通风管道外

壁上，穿金属导管保护的配电线路可紧贴通风管道外壁敷设。配电线路敷设在有可燃物的吊顶内时，应采取穿金属导管、采用封闭式金属槽盒等防火保护措施。二是可燃材料仓库内宜使用低温照明灯具，并对灯具的发热部件采取隔热、防爆等防火措施。三是燃气锅炉房及其他使用可燃气体的建筑内应加强防火管理，按规定安装可燃气体检测报警装置及与报警装置联动的总切断阀，并保证良好有效。锅炉房严禁吸烟、使用明火和闲杂人员进入，施工维修需动火作业时，应严格审批卡控，采取停炉停气、专人监护等安全措施。四是液化石油气钢瓶使用年限为 8 年，每 4 年进行一次检验，严禁使用过期报废液化石油气钢瓶。液化石油气泄漏报警器应安装在距地面 300 mm 高度处所，气瓶与灶具间距离不少于 1 m，且软管长度不超过 2 m，软管两端连接口使用专用卡箍紧固，严禁使用金属丝捆绑。

（三）事故案例分析

1. 案例一

扫码观看案例视频

污水井设备检修作业，安全防护措施不到位
检修时人员中毒窒息，无防护盲目下井施救

2014 年 7 月 25 日，某单位污水井设备检修作业发生人员中毒窒息事故，造成 4 人死亡。

（1）事故概况。

2014 年 7 月 25 日 14 时，某单位综合服务工区工长带领 6 名员工进行污水井检修作业（污水井长 6 m，宽 1 m，深 4 m，容积 24 m^3）。16 时 20 分，工长安排 1 人下井安装检修好的水泵，3 人现场监护并吊泵，2 人接电源线。该人下井 20 秒后感觉身体不适便向上攀爬，由于混合气体中毒四肢无力，掉入井内。井上 5 人中 4 人立即呼喊附近的作业人员并下井施救。听到呼救后，附近作业人员立即给污水井通风、换气，并相继下去施救，将被困人员全部救出并送往医院。19 时 30 分，其中 4 人经抢救无效死亡。

（2）原因分析

① 直接原因。

作业人员下井时未进行气体检测、未进行机械强制通风、未佩戴安全防护用具进入有毒有害气体浓度超标的受限空间内作业，地面作业人员盲目施救，导致 4 人窒息死亡。

② 间接原因。

（a）本安体系落实不到位。该车间没有进行系统的危险源辨识和风险评估。危险源辨识没有在车间、班组中进行细化、分解，未做到全员参与、全员辨识。

（b）许可作业制度不完善、规章制度不健全。未制定高危作业许可制度，没有对高危作业范围作出明确规定。

（c）安全培训不到位。该综合服务工区是新成立的工区，人员、设备都处在磨合期，安全培训明显缺位，员工对作业过程中可能发生的危险认识不足，自保互保知识不清楚。

（d）现场作业人员施救不当。井内作业人员已缺氧窒息，地面 3 人在现场救援环境不明、未采取防护措施的情况下，冒险进入污水井，盲目施救，导致事故扩大。

（3）事故定性。

依据《生产安全事故报告和调查处理条例》第三条规定，构成较大事故。

（4）整改措施建议。

① 高度重视安全生产工作，牢固树立红线意识，切实把安全生产放在一切工作的首位。各级领导人员和作业人员要理解本质安全管理的内涵和精髓，从管理层、操作层全面、全方位抓好安全生产工作。

② 完善高危作业许可制度。重新梳理高危作业任务，建立高危作业许可制度，对临时用电、受限空间作业、动土、动火等八大高危作业制定管控流程，明确作业负责人、作业人员、监护人员的职责。

③ 加强安全培训，完善培训计划。结合生产实际制定培训内容，将考试做为员工对知识掌握程度的标尺，以提高员工的综合能力为目标，取消走过场和流于形式的教育培训。

⑤ 完善应急预案、强化应急演练。建立健全应急体系建设，定期组织开展演练，全面培养员工的应急处置能力，杜绝在危害因素不明或防护措施不完善的情况下冒险作业和盲目施救。

2. 案例二

扫码观看案例视频

有限空间违章使用明火
作业人员中毒窒息死亡

2016 年 2 月 20 日，某车站进行地源热泵管道维修过程中发生火灾，造成 3 人中毒窒息死亡。

（1）事故概况。

2016 年 2 月 20 日 11 时，某委外施工作业队 11 人在车站排洪涵洞内进行地源热泵管道维修作业，该供热管道直径 15 cm，内层为无缝钢管，中间为聚氨酯保温层，外层为高密度聚乙烯保温层。因外温较低造成地源热泵管道冻结，委外作业人员使用液化气喷火枪解冻管道过程中将另外一根管道保温层引燃，13 时 50 分涵洞内火势失控烟雾弥漫，8 名作业人员紧急撤离至安全地点，另有 3 名作业人员因烟雾中毒窒息，经抢救无效死亡。

（2）原因分析。

① 直接原因。

委外作业人员在涵洞内使用液化气喷火枪直接对管道解冻作业，将管道内衬保温层（聚氨酯泡沫）点燃，引发火灾并产生大量的浓烟是造成作业人员中毒窒息死亡的直接原因。

② 间接原因。

（a）施工队进行维修作业时，在未办理动火作业手续，未采取排烟等防火措施的情况下，违章在有限空间内使用明火作业。

（b）施工队雇佣人员进入有限空间作业前，未按照有关规定办理审批手续，没有为作业人员提供安全防护用品。

（c）地源热泵管道维修承包单位及相关管理部门对维修作业现场安全监管缺失，对施工承包资质审查不严，违法将该工程层层转包。

（d）监理公司及基建管理部门对该工程施工企业资质审查、把关不严。

（e）该站上级主管部门对维修过程中各有关单位的的安全协调、监督不力，对其子分公司和外委施工的监督不力。

（3）事故定性。

依据《生产安全事故报告和调查处理条例》第三条规定，构成较大事故。

（4）整改措施建议。

① 认真吸取事故教训，开展全员安全警示教育活动，全面完善各项安全生产规章制度和操作规程，明确每个岗位和每名人员的安全生产职责，杜绝因规章制度和操作规程不完善、不落实引发事故。

② 严格落实企业安全生产主体责任，特别是实际控制人、法人、主要负责人的安全生产主体责任。严格落实 “管行业必须管安全、管业务必须管安全、管生产经营必须管安全”的规定，形成安全生产工作齐抓共管的责任体系和良好氛围。

③ 完善对外包工程的安全管理，严把施工企业的资质审查，杜绝违法、非法企业从事施工建设活动，加强对施工企业的日常巡查、督查，严防出现私自转包分包工程。

④ 加强员工的安全生产教育培训，特别是应急处置、逃生自救等知识的培训，在有限空间危险作业场所，必须配备抢救器具，全面提升员工的应急处置能力。

3. 案例三

扫码观看案例视频

私拉乱接临时线，无防护触电死亡

2015 年 9 月 7 日，某物业服务有限公司一名电工更换路灯电线路时，违章作业导致触电死亡。

（1）事故概况。

2015年9月7日14时10分，某物业服务有限公司在安吉小区露天停车场更换路灯电线路作业，电工张某在无人监护的情况下，独自拉接临时电源线，当其对第4盏路灯进行徒手验电时，触电死亡。

（2）原因分析。

电工张某作业过程中没有人身安全自保意识，私接临时电源线，没有佩戴使用劳动防护用品、用具，简化安全操作规程，违规进行徒手验电作业是造成触电死亡事故的直接原因。

该物业服务有限公司员工安全教育培训不到位，对员工典型的违章违纪行为未制定安全管控措施是造成触电死亡事故的又一原因。

（3）定性定责。

依据《生产安全事故报告和调查处理条例》第三条规定，构成一般事故，定电工张某主要责任，该物业服务有限公司次要责任。

（4）整改措施建议。

① 用电设备检修时，应先切断电源，在电源开关处设专人防护或挂上“禁止合闸，有人工作”的警示牌，并派专人监护。

② 按规定穿戴防触电绝缘鞋、手套等劳动防护用品，与带电部分保持安全距离后，方可进行作业。

③ 当用电设备出现异常情况时，应先切断电源，再做处理，未经修复的用电设备不准使用。

4. 案例四

违章指挥吊重物，重心偏离把人撞

2017年9月15日，某单位使用起重机进行混凝土吊斗作业，地面作业人员被吊斗碰撞死亡。

（1）事故概况。

2017年9月15日14时20分，某单位使用起重机吊混凝土吊斗，地面指挥人员张某在未确认吊斗安全状态的情况下，即通知司机起吊作业。起吊后张某看到吊斗不垂直，重心偏离起吊垂直线约2 m，立即呼叫地面正背对吊斗捆绑钢筋作业的于某闪开，于某因躲闪不及时，被倾斜的吊斗撞伤，经医院抢救无效死亡。

（2）原因分析。

起重机地面指挥人员张某在作业中未确认起吊物体的安全状态，违反“十不吊”中“歪拉斜拽”不准起吊的规定，导致吊斗重心偏离失去控制是造成这起人身伤害事故的直接原因。

起重机司机未确定混凝土吊斗安全状态的情况下盲目起吊是造成这起人身伤害事故的又一原因。

（3）定性定责。

依据《生产安全事故报告和调查处理条例》第三条规定，构成一般事故，定地面指挥人员张某主要责任，起重机司机次要责任。

（4）整改措施建议。

① 起重作业时地面指挥人员必须经过培训考试持证上岗，地面指挥人员在确认地面作业人员、设备设施具备安全条件后，才能向起重机司机发出指令。

② 起重机司机吊取重物之前应对重物状态进行安全检查和采取试吊措施，发现吊物不垂直、重心偏离后，立即停止作业或采取补救措施。

③ 作业现场安全监督检查人员对明显的违章作业应及时制止，安全隐患消除后，方可进行作业。

5. 案例五

使用电钻无防护，钻头断裂击伤眼

2019 年 6 月 26 日，某汽车修理厂一名修理工使用电钻对车架钢板打眼过程中，钻头崩断击伤左眼。

（1）事故概况。

2019 年 6 月 26 日 15 时 35 分，某汽车修理厂修理工张某处理车底架故障时，钻入车下使用电钻对车底架钻孔，因仰卧于地面手持的电钻受力不均衡，电钻钻头突然崩裂，其中一块钻头碎片盾溅入张某的左眼，造成左眼失明。

（2）原因分析。

修理工张某使用电钻作业时，未按规定戴防护眼镜，眼睛与钻头没有保持一定的安全距离，因电钻受力不均衡钻头崩裂击伤左眼是造成这起人身伤害事故的直接原因。

（3）定性定责。

依据《生产安全事故报告和调查处理条例》第三条规定，构成一般事故，定该汽车修理厂修理工张某全部责任。

（4）整改措施建议。

① 使用电钻前必须认真阅读使用说明，熟悉电钻的性能，仔细检查绝缘、防护部位是否良好，配备必要的劳动防护用品。

② 使用或接近高速旋转的电气设备时，必须与身体保持好安全距离，时刻注意电气设备旋转部位，防止头发、衣服卷入旋转设备。

③ 加强工、机具的使用管理，严禁外借和非专业人员使用，防止因操作不当和违章使用产生安全隐患。